Kleine kriminalistische Bücherei
herausgegeben von
Hans Schneickert.

3

Falschspieler

Formen und Technik des Spielbetruges

nebst

einem Anhange: der Spielprofessor und sein angeblich sicheres System beim Spiele gegen eine öffentliche Roulettebank

von

Hans v. Manteuffel,

Kriminalinspektor, beeid. Sachverständiger beim Kammergericht und den Landgerichten I, II, III Berlin.

Walter de Gruyter & Co.

vormals G. J. Göschen'sche Verlagshandlung — J. Guttentag, Verlagsbuchhandlung — Georg Reimer — Karl J. Trübner — Veit & Comp.

Berlin und Leipzig 1923.

Druck von Walter de Gruyter & Co., Berlin W. 10.

Vorwort.

Eine mehr als zwanzigjährige Tätigkeit als Leiter des Spieler-Dezernats beim Polizei-Präsidium Berlin und als Sachverständiger in Spielerprozessen hat mir gezeigt, daß die Kenntnis der Formen und der Technik des Spielbetruges die unumgängliche Voraussetzung für eine sachgemäße Erörterung der dieses Gebiet betreffenden Fragen ist. Unter dem Pseudonym „Signor Domino“ kam im Verlage von J. A. Kern in Breslau 1868 ein Buch über „Das Spiel, die Spielerwelt und die Geheimnisse des Falschspieles“ heraus. Das Buch wollte und konnte nur einen Ausschnitt aus der feineren Lebe- und Spielerwelt liefern und enthält neben manchem Brauchbaren auch Irrtümer. Im IV. Bande des Archivs für Kriminal-Anthropologie und Kriminalistik (Verlag F. C. W. Vogel in Leipzig) des inzwischen verstorbenen Professors und Lehrers des Strafrechtes an der Universität zu Graz Herrn Hanns Groß veröffentlichte ich eine ergänzende und berichtigende Arbeit „Zur Technik des Betruges beim Glücksspiele“. Im Jahre 1903 erschien im Selbstverlage des Verfassers O. L. von Saskaly, Berlin ein jetzt wohl kaum noch im Handel aufzutreibendes Schriftchen über „Die Falschspieler von Berlin“ mit besonderer Berücksichtigung der Frage: „Wie erkennt der Spieler die Karten am Rückenmuster?“ Dieser Schrift verdanke ich manche wertvolle Ergänzung meiner Erfahrungen. Im Laufe der Zeit ist das von mir zur Frage des Falschspieles gesammelte Material so angewachsen, daß eine Neubearbeitung desselben notwendig wurde. Der Mangel eines zum Studium dieses Gebietes brauchbaren Buches hat mich den Versuch wagen lassen, diese Arbeit herauszugeben. Für Material und nützliche Anregungen zur weiteren Ausgestaltung dieses Büchleins werde ich dankbar sein.

Berlin-Halensee im Oktober 1923.

Hans v. Manteuffel.

Inhaltsverzeichnis.

Seite

I. Falschspieler, Formen und Technik des Spielbetruges 9
Einleitendes zur Geschichte des Spielbetruges und einzelne hervorragende Falschspieler alter Zeit 9
Deutsche Schule des Falschspieles und die Großstadt 12
Einzelne Typen aus dem Anhange der Falschspieler 14
„Unken" 14
„Schlepper" und „Schieber" 15
„Der Lagemann" 15
Warum bedarf der Falschspieler Helfer? . . . 18
Wie rekrutiert sich das Berufsspielertum und wo ist sein Anhang zu finden? 18
Der Bauernfänger als rudimentärer Typ des Falschspielers 21
Anpassung des Falschspielers an das Opfer . . 21
Je höher die gesellschaftliche Stellung des Opfers, um so günstiger die Aussicht des Spielbetruges 22
Einzelne markante Formen des Falschspielers . 24
Der „Straßenzocker" 24
Der „Lokalzocker" 26
Der Zocker als Geschäftsreisender 28
Der Zocker als Globetrotter und Vergnügungsreisender feineren Stiles 32
Geeignete Räumlichkeiten zum Spiele 33
Sogenannte Spielklubs 35
Eigentliche Technik des Betruges 36
Falschspieler und Kartenkünstler 36

Seite
Schwierigkeit der Beobachtung 37
Voraussetzungen des ehrlichen Spieles 38
Fälschung dieser Voraussetzungen durch den Falschspieler 39
Geeignete Karten 39
Die Naturmarke 39
Die choisierte Karte 43
Anbringung von Merkmalen während des Spieles 43
Anbringung solcher vor dem Spiele 43
Beschneiden von Karten (Biseautierung) . . . 44
Auf der Rückseite gebleichte Karten 45
Gezinkte Karten in den von der Fabrik gelieferten Hüllen 45
Entfernen einzelner Karten aus dem Spiele vor und während der Partie 46
Der reine Zufall beim Mischen und Abheben . . 46
Falsches Mischen und Bedeutung der Zinken hierbei 47
Falsches Durcheinanderstecken der Karten . . . 47
Fälschung des sog. amerikanischen Mischens . . 47
Das „Löffeln" 48
Auf „Vordermann" oder „Hintermann" mischen 48
Das „Melken" 48
Das „mathematische" Mischen 49
Das Aussuchen, Zusammenstellen und Anbringen einer „Ladung" 49
Die „Pistole" 50
Das falsche Abheben und die Volte 51
Die einfachste Form des falschen Abhebens . . 52
Falsches Abheben mittels einer breiteren Karte 52
Die „Außenmolle" oder „Wellenschaukel" . . . 52
Die „Innenmolle" 52
Der „Schwanz" oder die „Treppe" 53
Das „Nachschneiden" 53
Der „Auszug" 53

Seite
Das „scharfe Ziehen" (Filage) 54
Das Geben einer größeren Anzahl Blätter . . 55
Das tätige Mitspiel der Genossen 55
Seelische Auswirkung dieser Mitarbeit auf das Opfer 56
Kenntnis der Form und Technik des Betruges. Voraussetzung der Aufklärung 56
Bedeutung ständiger Spielergruppen für den Betrug 57
Nachweis des betrügerischen Einvernehmens der Genossen wesentlich für die Feststellung . . . 57
Falschspiel unter Umgehung der für ein Spiel geltenden besonderen Regeln 58
Komplizierte Apparate für das Falschspiel . . 60
Verraten der Karten des Gegeners durch Zeichen 60
Vorliebe des Falschspielers für Glücksspiele . . 61
Falsche Würfel 61
Durch Beschwerung mit Bleifüllungen . . . 61
Durch Fälschung der Augenzahlen 62
Einführung gefälschter Würfel im Verlaufe des Spieles 63
Falschspiel mit 8 Würfeln und besonders hergerichtetem Spielplan 63
Schutzmittel gegen das Falschspiel 64
Scheu der Opfer vor Bloßstellung, Abschwächung und Widerruf von Aussagen 65
Anstrengungen der Falschspieler nach derselben Richtung 66
Erregung des Irrtumes, daß kein Betrug, sondern Glücksspiel vorläge 66
Reichsgerichtsentscheidungen für Vorliegen eines Betruges 67
Französische Rechtsprechung 68
Solidarisches Zusammenhalten der Falschspieler und ihres Anhanges gegen Polizei und Justiz 69

Seite
Wichtigkeit der Feststellung des Vorlebens aller nicht ganz Unverdächtigen und ihrer Beziehungen zu den Haupttätern 71
II. Bauernfänger-Kunststücke 72
1. Kümmelblättchen 72
2. Schwarzer Peter 76
3. Abart desselben Spieles 78
4. Rieckchen — Fieckchen 79
5. Wette, daß 7 aus einem Spiele ausgesonderte Karten nach Mischen unter die anderen Karten in einen von mehreren abgeteilten Haufen zu liegen kommen . . . 81
6. Abart des Spieles „Häufeln" 82
7. Rouge et noir (Rot und Schwarz) . . . 83
8. Kartenroulette 84
III. Der Spielprofessor und sein angeblich sicheres System beim Spiele gegen eine öffentliche Roulette-Bank 85

I. Falschspieler, Formen und Technik des Spielbetruges.

Der Betrug beim Spiele ist sicher so alt wie das Spiel selbst, das begonnen haben mag, seitdem man es verstand, Werte aufeinander zu übertragen. Vermutlich hat man also schon gespielt, lange bevor es Geld gab. Soweit die Überlieferung aus der Zeit der Griechen und Römer reicht, waren die Spiele meist Wett- und Würfelspiele, bis mit Erfindung der Holzschneidekunst um 1423 und der Kupferstecherkunst nach Mitte des 15. Jahrhunderts deutsche Künstler es unternahmen, Karten herzustellen und über Europa zu verbreiten. Von da ab wurden Kartenspiele, wie wir solche heute kennen, überhaupt erst möglich. Schon das um 1494 bis 1499 zuerst erschienene „liber vagatorum" warnt unter Darlegung der damals üblichen Formen des Betruges ausdrücklich vor den Jonern, d. h. den Falschspielern mittels Karten und Würfeln. Nach den Ausführungen dieses Buches scheinen fast alle heutigen Arten von Spielbetrug wenigstens in ihren wesentlichen Zügen schon Ausgang des Mittelalters bekannt gewesen zu sein. Durch das 1850 bei Brockhaus erschienene, jetzt kaum noch im Buchhandel aufzutreibende „Buch über das Deutsche Gaunertum" hat Avé-Lallement sich ein bleibendes Verdienst um die Geschichte und das Verständnis dieses Gaunertums erworben. Die zünftigen Gewerbsspieler bedienen sich noch heute des von ihm einer eingehenden Darstellung gewürdigten Gauner-Rotwälsch. Die Zocker, d. h. Spieler, sprechen vom „Besen" als den Karten, von „Zinken", d. h. Zeichen auf denselben, von „Mollen" als Mittel des Betruges, von „Schleppern" und der „Fahrt" als von Helfern und einem Spielunternehmen, von „Lampen", d. h. von einer drohenden Entdeckung, und schließlich auch von einem Spiel „auf glatt Massel", d. h. ohne zu betrügen. Die Überlieferungen der alten Zunft haben sich offenbar vererbt und am deutlichsten erkennbar unter den Bauernfängern erhalten. Die Blüte- aber und klassische Zeit des Falschspieles fällt unter die Regierung Ludwig des XIII. und XIV. in Frankreich. Obwohl insbesondere der letztere es an Verordnungen und Verboten gegen das Spiel nicht fehlen ließ, lebte an seinem Hofe und in seiner nächsten Umgebung ein Kavalier griechischer Abkunft mit Namen Apoulos, der sich als Falschspieler ein großes Vermögen erwarb, und dem die Falschspielerzunft den Namen „Grec" verdankt. Trotz seines unglücklichen Endes — er starb auf der Galeere — fand er in der Folge nach der Darstellung des „Signor Domino" in seinem Buche über das Spiel usw. (Verlag J. U. Kern, Breslau 1868) noch viele Nachahmer. In den Denkwürdigkeiten Saint Simons (1675—1755) werden ein Chevalier Langlée und eine Prinzessin d'Harcourt als in jener Zeit besonders bekannte und geschickte Falschspieler genannt. In seinen Memoiren gesteht ein Zeitgenosse Chevalier de Grammont ganz freimütig ein nicht nur, daß er selbst

Falschspieler gewesen, sondern sich auch auf seine Kunstfertigkeit und seinen Ruf in dieser Kunst etwas einbilde. Merkwürdig ist bei ihm wie bei seinem Zeitgenossen Casanova, dessen Memoiren (12 Bände 1828—1838) nicht nur für den Kulturhistoriker von Interesse sind, mit welcher Offenheit sie von ihren Künsten sprechen. Es ist eine charakteristische Eigentümlichkeit, und zwar nicht nur der sogenannten Gentlemen unter den Falschspielern bis auf den heutigen Tag geblieben, daß sie mit einem gewissen naiven Egoismus ihr vermeintlich gutes Recht behaupten, von ihrer Überlegenheit an Geschicklichkeit und Intelligenz zum Schaden anderer und zum eigenen Vorteil Gebrauch zu machen. Man wird auch heute kaum einen Berufsspieler finden, welcher nicht felsenfest davon überzeugt wäre, daß man ihm durch Anwendung des Gesetzes auf seine Person bitter unrecht tue. Frankreich und seine Schule hat noch bis in die achtziger Jahre des 19. Jahrhunderts sein Übergewicht auf dem Gebiete des Spieles und Falschspieles geltend gemacht. Die Bezeichnungen vieler Glückspiele z. B. roulette, trente et quarante, vingt et un, quinze usw. sind französisch. Im Spielerjargon spricht man auch heute noch von einem Grec, von der Maquillage, Pointierung, Biseautierung, Tarotierung, d. h. von der Anbringung von Merkmalen an den Karten, von dem Transportieren von Portées, d. h. dem Anbringen einer sequenze, d. h. einer Reihenfolge vorher geordneter Karten, von der Costière und Finette, d. h. von Taschen zur Unterbringung von Karten an der Weste und den Beinkleidern, vom Parasit,

Judas und Mangeur als Helfern des Falschspielers. Als besondere Kunstgriffe werden die falsche coupe (Abheben) und die filage (das Hervorziehen einzelner Karten) genannt.

Erst von den achtziger Jahren des 19. Jahrhunderts an, nachdem Berlin schon lange seine Rolle als Weltstadt unter den Hauptstädten des europäischen Festlandes angetreten hatte, kann man von einer deutschen Schule des Falschspieles reden. Die Entwickelung des heutigen Berufsspielertums wäre aber ohne die Mittel des modernen Verkehrs, ohne die Großstädte, ohne die Sport-, Rennplätze und Badeorte als Tummelplätze der modernen Lebewelt unmöglich gewesen. Die Großstadt ist so recht der Nährboden für zahllose Leute, die nicht arbeiten, sondern lediglich auf Kosten der Unerfahrenheit, Gutmütigkeit und des Leichtsinnes sowie der minderen Intelligenz anderer nicht nur ihr Leben fristen, sondern sogar ein Genießerleben führen. Tausende von Spielern finden ihren reichlichen Unterhalt in Cafés und Spielhöllen niederer und feinerer Art. In dem Häusermeer der Großstadt kümmert sich kaum jemand um den Nachbar, aber noch viel weniger um das, was er treibt. Dazu findet der Berufsspieler stets Unterschlupf nicht nur in Kreisen der Genossen, sondern auch der Halbwelt. Nicht selten findet er dort geschickte und willige Helferinnen. Eine große Anzahl der Spieler ist im Nebenerwerb Zuhälter oder bezahlter Liebhaber feinerer Halbweltdamen.

Treffend charakterisiert Professor Groß in seinem

Handbuche für Untersuchungsrichter die Berufsspieler als von Natur gewandte und geschickte Leute, die meist schon in ihrer Jugend nicht gut getan, nachher im Kampfe ums Dasein Schiffbruch erlitten haben, vielfach aber überhaupt zu träge sind, um ehrlich zu arbeiten, zu lüstern, um zu entbehren, und gewissenlos genug, um anderen genau so viel abzunehmen, als dieselben ungeschickter und vertrauensseliger sind. Aber nur das Großstadtleben, die stete Berührung mit gleichgesinnten Elementen in den Sammelpunkten der modernen Lebewelt in Cafés, Bars, Sportplätzen, Bädern macht diese Existenzen, die stets auf der Grenze des Verbrechens herumbalanzieren, je nach ihren Fähigkeiten und Talenten zu Falschspielern oder deren Gehilfen. Es gibt in Großstädten kaum ein größeres Café, in dem nicht gespielt würde und angehende Talente dieser Art nicht Gelegenheit hätten sich auszubilden. Sind Anfänger anstellig, geschickt und verfügen über Verbindungen und Manieren, vielleicht auch noch über Namen, so werden sie als Helfer auf Fahrten und Kunstreisen mitgenommen, bis sie schließlich selbst mit Genossen auf eigene Hand Beutezüge unternehmen können. Für eine gewisse Klasse des Spielertums bieten auch die Gerichtssäle und Spielerprozesse Gelegenheiten zu einem eingehenden Studium. Niemand kann mit so lebhaftem Interesse wie diese sogenannten Kriminalstudenten dem Gange der Verhandlungen folgen. Sie studieren alles — die Praxis der Polizei, der Staatsanwälte, die Zusammensetzung der Gerichte, den Gang der Beweisführung, die Aussicht dieser oder jener Kniffe, dieser oder jener Verteidigungsart. Ich habe es erlebt, daß ein gewöhnlicher Bauernfänger sich im Gerichtssaale mit einem Geschick und einer Kenntnis der Reichsgerichtsentscheidungen verteidigte, die einem gewandten Verteidiger Ehre gemacht hätte. In allen Großstädten existieren nur den Eingeweihten bekannte Treffpunkte und Schulen des Gaunertums jeder Art. Unter den Hochstaplern nimmt der „Zocker", d. h. der Falschspieler, eine Sonderstellung ein. In den Cafés und Bars haben die Genossen nach dem höheren oder niederen Grade ihrer sogenannten Zunft geschieden ihre Sammelplätze. Dort werden auch „Fahrten", d. h. Beutezüge, verabredet und die Rollen verteilt. Hat ein Genosse ein Opfer, auch „Freier" genannt, „geschleppt", so beteiligt sich der betreffende Kreis an dessen Ausplünderung. Nach getaner Arbeit erhalten die Genossen reell ihren Anteil am Gewinst. Sie würden sonst „Lampen machen", d. h. Verrat üben, wenn sie „getrampelt", mit anderen Worten benachteiligt worden wären.

Unter „Unken" versteht man Leute aus dem Anhange der „Zocker", die vielleicht einige Handgriffe und Falschspieler kennen, aber noch nicht selbständig arbeiten können. Solche Parasiten, die natürlich auch ihren Anteil an der Beute verlangen, sieht der Falschspieler nicht gern. Wenn möglich, sucht er sie loszuwerden und sein Opfer in ein geeigneteres Lokal zu verschleppen. Da der Nachweis einer Beteiligung an der Straftat nur in seltenen Fällen gelingt, gehen die Unken im Falle eines

Strafprozesses meist frei aus. Eine besonders wichtige Rolle bei einem Spielunternehmen spielen die „Schlepper“ und „Schieber“, das sind Personen, die zu wohlhabenden Passionsspielern Beziehungen haben und in der Lage sind, Spielpartien zusammenzubringen. Solche „Schieber“ gibt es in jeder einigermaßen bedeutenden Stadt. Ihre Aufgabe ist es, zureisenden Berufsspielern Opfer zuzuführen. Um sich nicht unmöglich zu machen, spielen die Schieber meist selbst nicht mit oder verlieren, um den Schein des ehrlichen Spieles zu wahren. Natürlich sind die Schieber bei Teilung der Beute „reell mit mang“ und beziehen ohne Abzug den auf sie entfallenden Anteil. Unentbehrlich für den Zocker ist der „Lagemann“, der das ganze Unternehmen finanziert. Zum Spielen gehört Geld. Unter den Berufsspielern verstehen es aber die wenigsten, mit dem Raube hauszuhalten. In der Regel wird das unrecht erworbene Gut bald verjubelt oder im „Kommerse“ an Genossen im Spiel auf „glatt Massel“, d. h. ehrlich, losgelassen. Während der solide Bürger und Geschäftsmann nur soviel ausgibt, als er seiner Stellung durchaus schuldig zu sein glaubt, ist der Hochstapler und Berufsspieler zu Aufwendungen gezwungen, welche in keinem Verhältnis zu seinem mangelnden ehrlichen Erwerbe stehen. Um seine Rolle durchführen zu können und die Angestellten der Hotels, in denen er logiert, und der Lokale, in denen er verkehrt, bei guter Laune zu erhalten und unter Umständen für gewisse Dienste geneigter zu machen, darf er sich nicht lumpen lassen. Handelt es sich um eine große Sache, z. B. im Anschluß an ein Rennen, oder signalisiert ein „Schieber“ ein „Geschäft“ in der Provinz, so muß natürlich zunächst Geld herangeschafft werden, und der „Lagemann“ tritt in Aktion. Er schießt den Spielern — es sind meist zwei — das nötige Geld vor, gibt die „Lage“ und erhält dann sein Geld mit Gewinnanteil wieder zurück. Bei einem solchen Geschäfte riskiert der Geldmann in der Regel nichts. Unter Genossen wird immer prompt reguliert. Der „Freier“ wird unter allen Umständen auf „sicher genommen“ oder „aufgeladen“, d. h. betrogen. Ist der Berufsspieler „verlampt“, droht also Entdeckung und strafrechtliche Verfolgung, so wird der Berufsspieler niemals seinen „Lagemann“ preisgeben, selbst wenn es „lichterloh brennt“, d. h. eine Spielverhaftung stattgefunden hat. Nachweisen läßt sich aber dem „Lagemann“ in der Regel nichts, weil er an dem Spiel selbst nicht teilgenommen hat. Mir sind in meiner langen Praxis nur zwei Fälle bekannt geworden, in denen es gelungen ist, den Geldmann, welcher das Unternehmen finanziert hatte, strafrechtlich zur Verantwortung zu ziehen. Das eine Mal hatte der „Lagemann“ nachweislich das Lokal gemietet, in welchem die Ausplünderung des „Freiers“ vor sich ging. Ein anderes Mal hatte ein solcher sich dazu verstanden, in einer größeren Reihe von Fällen, die ihm von Berufsspielern in Zahlung gegebenen Spielwechsel der Geschädigten einzutreiben. Eine unvermutet vorgenommene Haussuchung führte durch Auffinden des Schriftwechsels zur Entdeckung einer Bande gewerbsmäßiger Spieler, deren Fahrten sich über den ganzen Kontinent erstreckt hatten. Sind die „Lagemänner" auch vor dem Verrat durch ihre Genossen unbedingt sicher, so sind sie doch nicht immer davor geschützt, selbst einmal ausgeplündert zu werden. Die Geschäfte waren einmal schlecht gegangen und die Barmittel zu Ende. Dem „Lagemann", einem Schankwirte, war von den Genossen ein „Geschäft" vorgespiegelt worden. Der angeblich geschleppte „Freier" war aber selbst Zocker und vollkommen im Bilde. Er entwickelte ein unerklärliches fabelhaftes Glück, und die Genossen verloren Schlag auf Schlag. Der Geldmann mußte weiter Geld vorschießen, das er trotz aller Versprechungen der Genossen ebenso sicher verlor. Zum Schluß mußte der Lagemann die ganze Zeche bezahlen und erfuhr zu spät, daß der angebliche „Freier" mit den Genossen auf gemeinsame Rechnung gearbeitet hatte, und er für dieses Mal der Betrogene war. Man nennt das „den Lagemann auf Tivoli schieben".

Eine erschöpfende Darstellung der Genossen des Berufsspielers zu geben, ist unmöglich. Die in jedem Falle übernommene Rolle wird sich nach der persönlichen Eigenart und Veranlagung des Helfers und den besonderen Umständen des Einzelfalles richten. Wenn man auf die Aufklärung eines Spielbetruges nicht von vornherein verzichten will, muß man sich aber stets vor Augen halten, daß ein jedes Falschspiel das planmäßige Zusammenwirken mehrerer Genossen auf gemeinschaftliche Rechnung zur Voraussetzung hat. Nur in Ausnahmefällen unter besonders günstigen Umständen, wenn das Opfer ungewöhnlich harmlos oder nicht mehr nüchtern und Herr seiner Sinne ist, kann der Falschspieler ohne Helfer arbeiten. Für den eigentlichen Spielbetrug bedarf der Berufsspieler mindestens eines Genossen. Selbst die größte Gewandtheit und Beobachtungsgabe könnten ihn nicht schützen, wenn er dauernd die Veranlassung zum Spiele gäbe, stets alle Vorbereitungen dazu träfe, ständig die Karten oder Würfel zum Spiele lieferte und ausschließlich oder vorwiegend gewönne. Um die Illusion eines ehrlichen Spieles zu einer völligen zu machen, überläßt er alle Vorbereitungen und Handreichungen zum Spiele mit Vorliebe Personen, die in dem betreffenden Kreise bereits bekannt sind, deren Strafkonto noch nicht belastet ist, und die er in pekuniäre Abhängigkeit von seiner Person zu bringen verstanden hat. Die verschiedensten Spielerprozesse haben gelehrt, mit welchem Geschick der Berufsspieler Helfer in solchen Kreisen zu finden weiß, die er sich als Operationsfeld ersehen hat. Ohne solche Leute, die ihn einführen und empfehlen, erforderlichenfalls allen unbequemen Fragen nach seiner Person zu begegenen wissen, kann der Berufsspieler weder Zutritt in einen besseren Kreis erhalten, noch sich auf die Dauer in demselben behaupten.

Die tägliche Erfahrung zeigt, daß ein großer Teil der sogenannten Passionsspieler aller Schichten der Gesellschaft rettungslos dem Spielteufel verfallen ist und nach und nach finanziell und moralisch ruiniert wird. Diese Existenzen stellen jährlich ein großes Kontingent zum berufsmäßigen Spielertum und dem mit diesem verbündeten Anhange. Übermäßige Spielschulden, Wechsel in den Händen der Falschspieler, die Versuchung, ohne Anstrengung ein glänzendes Leben weiter führen zu können, auf der anderen Seite Charakterschwäche und die scheinbare Unmöglichkeit, sich eine neue sichere Existenz zu erringen, erklären, wie aus Angehörigen selbst der besseren Gesellschaft Helfer von Falschspielern werden konnten. Die Passion am Spiele ist fast in allen Kreisen zu Hause. Die Lust am Sport hat leider auch die Gier nach mühelosem Gewinn durch Wetten, d. h. am Glücksspiele, in weite, bisher hiervon unberührte Kreise unseres Volkes getragen. Hierdurch sind den Gewerbsspielern und ihrem Anhange auch außerhalb der Rennbahnen und Spielsäle in Lokalen, wo Sportzeitungen ausliegen und Interesse für die Wettkämpfe auf grünem Rasen vorhanden ist, zahlreiche Anknüpfungspunkte für unauffällige Annäherung gegeben. In Sport-Restaurants, Cafés und Bars haben nicht nur Winkelbuchmacher und deren sportkundiger Anhang, sondern auch Spieler ihr Lager aufgeschlagen. Erfahrungsgemäß sind die Angestellten und Kellner kleinerer und größerer Hotels in der Nähe meist eifrige Besucher und Kunden solcher Lokale. Kommt dann die Jahreszeit, wo Bäder, Luftkurorte, Sommerfrischen den Städtern ihre gastlichen Tore öffnen, so siedeln auch viele der städtischen Kellner und Hotelangestellten, um lohnenderen Verdienst zu finden, dorthin über und mit ihnen Gäste jener Lokale. Das ist auch die Zeit, in welcher Spieler, die über einige Mittel oder

Kredit verfügen, ihre Kunstreisen in die Provinz antreten. Rennplätze sind besonders beliebt, weil die Fahrt zu und von den Rennplätzen besonders günstige Gelegenheiten zur Ausplünderung unverbesserlicher Spielratten bietet. Es gibt überdies Rennplätze und Badeorte, wo sich im Anschluß an die Rennen ziemlich ungeniert Spielgesellschaften auftun. Spiel und Sport gleichen die gesellschaftlichen Unterschiede sehr schnell aus. So kommt es, daß neben dem üblichen Rennbahnpublikum und mehr als zweifelhaften Existenzen auch Personen besserer Gesellschaftskreise sich in solche Spielsäle verirren, wo sie dann vielfach von gewerbsmäßigen Spielern in entlegene Lokale verschleppt und ausgeplündert werden. Wer in das Treiben der Gewerbsspieler und ihres Anhanges nicht eingeweiht ist, kann sich auch nicht annähernd eine Vorstellung davon machen, in welcher Art und Weise auf zahlungsfähige Grünlinge Jagd gemacht wird, bis sie schließlich gestellt und zur Strecke gebracht werden. Kellner, Angestellte der Hotels und Lokale, in denen die Lebewelt ihren Vergnügungen nachgeht, weiß der keine Kosten scheuende Berufsspieler sich zu verpflichten. Im Interesse seines Gewerbes unterhält er Beziehungen zu den Damen der Halbwelt. So sind er und seine Schlepper und Schieber von allem unterrichtet, was sie interessieren könnte. Die Schieber der internationalen Glücksritter, die auf den Sammelplätzen der Lebewelt des In- und Auslandes ihre Opfer ausplündern, spielen dabei dieselbe Rolle, welche die Schlepper der Bauernfänger übernehmen. Die Berufsspieler, welche von London,

Paris oder ihren Standquartieren in der Schweiz ihre Beutezüge unternehmen, sind nur eine feinere Klasse der gewöhnlichen Bauernfänger, welche ihr Gewerbe ebenfalls im Umherziehen ausüben und dem biederen aus der Provinz in die Hauptstadt zugereisten Landmann seine Barschaft abnehmen. Diese Bauernfänger stellen sozusagen die rudimentären Typen des Falschspielertums dar. Die Anpassungs- und Bildungsfähigkeit dieser zeigt am deutlichsten die Tatsache, daß einzelne solcher aus den untersten Schichten hervorgegangenen Bauernfänger schließlich Mitglieder einer internationalen Falschspielerbande wurden, welche es auf wohlhabende Vergnügungsreisende der besseren Gesellschaft abgesehen hatte. Mit der ihrem Berufe eigenen, durch jahrelange Übung und Erfahrung erworbenen Menschenkenntnis wissen Falschspieler und deren Schlepper harmlose Neulinge und dem Spielteufel haltlos Verfallene sicher herauszufinden. Das Vertrauen derselben zu gewinnen, ist die erste Aufgabe, die sie sich stellen. Niemand, der die Herrschaft über sich nicht schon völlig verloren hat — pathologischer Spieler — setzt sich mit Leuten zum Glückspiele hin, gegen die er einen irgendwie begründeten Argwohn hat. Jeder Zweifel an der Ehrlichkeit seiner Person würde den Falschspieler einer unliebsamen Beobachtung und der Gefahr einer Entdeckung aussetzen. Ein sorgfältiges Studium der Gewohnheiten und Anschauungen des Kreises, in dem sie ihren Fang tun wollen, ermöglicht es ihnen, sich im Äußeren und in den Manieren dieser Umgebung anzupassen. In einem Falle nahm ein aus den niedrigsten

Schichten hervorgegangener, mit dem Gesetz wiederholt in Konflikt geratener Spieler in Paris bei einem Tanzmeister erfolgreichen Unterricht, um sich Bewegungen und Manieren der vornehmen Welt anzueignen. Ein ostentativ zur Schau getragenes harmloses, den Spielgegnern scheinbar bis an die Grenze der Möglichkeit entgegenkommendes Benehmen läßt dieselben in einer laxen anscheinend sorglosen Handhabung der Spielregeln — dem Kardinal- und Angelpunkte eines jeden Falschspieles — noch einen Ausdruck besonderen Vertrauens gegen ihre Person erblicken. Nur einem Kenner verrät sich das sorgfältig gehütete Geheimnis der Person des Glücksritters. „Il est trop poli, pour être honnête", wie ein Angestellter von einem später als Falschspieler entlarvten, aber als tadellosen Ehrenmann von seinen Helfern eingeführten und außerordentlich gewinnreiche Gastrollen in einer Spielervereinigung gebenden Berufsspieler sagte. Die Chancen des Betruges liegen für ihn um so günstiger, je höher die Gesellschaftssphäre ist, in die er Eingang gefunden hat. Der bevorzugte Stand, die gesellschaftliche Stellung der Beteiligten, welche den leisesten Argwohn als schwere Beleidigung empfinden lassen, sichern ihn fast vor allen Nachstellungen. In der Sprache der Falschspieler ist „sichere Geschäfte machen" gleichbedeutend mit: vornehmen Personen, der besten Gesellschaft die Börse erleichtern. Eine Reihe von Spielerprozessen hat gezeigt, daß Personen, denen außer ihrer Spielfertigkeit und Gewandtheit, sich den Formen und Gewohnheiten ihrer Opfer anzupassen, eigentlich alles fehlte, was ihre Zugehörigkeit zu den Kreisen, in denen sie sich beim Spiele bewegt hatten, begründet hätte, Jahre hindurch ungestört ihre gewinnreiche Tätigkeit ausüben konnten. Nun wird zwar behauptet, daß man Leute dieser Zunft an gewissen äußeren Merkmalen ebenso sicher erkennen könne, wie man bei einiger Erfahrung andere Missetäter unschwer von ehrsamen Bürgern unterscheiden könne. Wenn dies auch unter Umständen bezüglich der Falschspieler niederen Grades zutreffen mag, so gehört doch eine durch langjährige Erfahrung geschärfte Beobachtungsgabe dazu, um unter der sorgfältig gehüteten Maske eines feineren Spielers dieser Art den Gauner auch nur zu wittern. Überdies macht die Spielleidenschaft die von ihr Befallenen blind. Mir sind Fälle bekannt, in denen Spielratten trotz aller Warnungen und eigener trüber Erfahrungen sich immer wieder mit notorischen Berufsspielern zum Spiele niedersetzten. Von einem sonst sehr exklusiven Herrn, der nicht sehr wählerisch in der Auswahl der Gesellschaft war, mit der er sich in ein Spiel einließ, erzählte man sich, daß er sich mit den Worten zu empfehlen pflegte: „Meine Herren, auf der Straße bitte ich, mich nicht zu grüßen!" Solche Leute sind natürlich die gegebenen Opfer für Falschspieler. Es bedarf keiner besonderen Künste, um sie für ein Spiel einzufangen.

Die Formen, unter denen sich ein Spielbetrug abspielt, sind nach Ort, Zeit, Eigenart der in Betracht kommenden Falschspieler und Opfer verschieden., Eine erschöpfende Darstellung derselben ist unmöglich. Dennoch will ich versuchen, einige besonders markante Typen zu schildern. Im allgemeinen muß man den gewöhnlichen Bauernfänger, der mit den einfachsten Mitteln in den einfachsten Kreisen sein unsauberes Handwerk ausübt, von dem eleganteren Falschspieler unterscheiden, der unter Zuhilfenahme feinerer Mittel den begüterten Bürger, Geschäftsmann und Angehörigen der wohlhabenden Lebewelt ausplündert. Der Bauernfänger, dem ein besonderer Abschnitt gewidmet ist (siehe Seite 72), gehört zu den „Straßenzockern". Das sind Falschspieler, die ihre „Freier" auf der Straße suchen. Auf öffentlichen Straßen, insbesondere in der Nähe von Rennplätzen sowie auf öffentlichen Spielplätzen wählt der „Straßenzocker" seinen Standplatz. Eine auf einem Spazierstock oder zusammenlegbaren Untergestell befestigte Holzplatte mit Spielplan, Karten oder Würfel sind sein Handwerkszeug. Seine Helfer sind drei bis vier „Pacemaker" (Schrittmacher), welche von ihm mit dem nötigen Spielgeld ausgerüstet durch ihren Spielgewinn Dumme d. h. „Freier" anlocken und zum Spiele anreizen sollen. Durch bestimmte Kunstgriffe versteht es der Bankhalter so einzurichten, daß seine Genossen gewinnen. Sobald nun ein fremder Spieler an den Spieltisch tritt, wird er nach allen Regeln der Falschspielerkunst nach anfänglichem Gewinn „abgegossen" oder „abgestrippt". Mancher harmlose Spaziergänger wird dabei im Handumdrehen sein Geld los. An lohnenden Tagen werden große Umsätze erzielt. Nach Schluß des Spieles teilt dann der Spielunternehmer mit seinen Genossen, die meist 10—15 v. H. des Reingewinnes erhalten, den Gewinst in einem benachbarten Lokale. Wohlorganisiert ist der Aufpasserdienst, die „Spanne" genannt. Es sind dies Leute, deren Aufgabe darin besteht, vor dem Herannahen von Polizeibeamten rechtzeitig zu warnen. In gewissen Zeiträumen machen die „Spanner" an den Tischen der „Straßenzocker" die Runde, um das „Spannegeld" in Empfang zu nehmen. Droht eine Überraschung durch Polizeibeamte, so suchen die Helfer des Zockers das Spielgerät in Sicherheit zu bringen und dem Falschspieler den Rückzug zu decken. Bei einem derartig organisierten Betriebe ist eine Überführung nicht leicht und setzt eine längere unauffällige Beobachtung durch mehrere Beamte und ein entschlossenes, schnelles Zugreifen im geeigneten Augenblicke voraus. Zu den „Straßenzockern" gehören auch die Falschspieler, deren „Schlepper" auf der Straße, auf Bahnhöfen, bei öffentlichen Veranstaltungen unerfahrene Opfer, mit Vorliebe aus der Provinz Zugereiste, suchen, mit ihnen ein Gespräch anfangen, durch kleine Gefälligkeiten ihr Zutrauen zu gewinnen suchen und sie dann in ein geeignetes, vorher verabredetes Lokal verschleppen. Hier gesellt sich dann anscheinend zufällig zu den beiden nach einiger Zeit der eigentliche Zocker. Natürlich tun beide Genossen, um keinen Verdacht zu erregen, so, als seien sie sich völlig fremd. Irgendeiner bringt darauf ein Spiel wie Schafskopf, Mauscheln, Skat oder ein anderes Kartenspiel in Vorschlag. Zeigt der Fremde keine Lust, gleich auf ein Spiel um Geld einzugehen, so wird zunächst um Getränke gespielt, wo=

bei man den Unerfahrenen gewinnen läßt. Es bedarf dann meistens nur eines geringen Anstoßes, um das Opfer auch zu einem Spiele um Geld zu bewegen, wobei er nach anfänglichem Gewinne natürlich bereit ist, höhere Einsätze zu machen und schließlich von beiden Genossen auf „sicher genommen" d. h. betrogen wird. Der Schlepper, welcher während des Spieles durch Einsätze, die er machte, und im Einverständnis mit dem Zocker gewann, Lust und Zutrauen zu dem Spiele erweckte, hat schließlich die Aufgabe, dem eigentlichen Falschspieler einen ungehinderten Abgang zu ermöglichen. Selbstverständlich teilen sich beide Genossen nachher in den Raub. Von den „Straßenzockern" unterscheiden sich die „Lokalzocker" dadurch, daß sie ihre Opfer in Lokalen suchen, wo die Lebewelt verkehrt, oder wo dem Spiele oder dem Sport gehuldigt wird. Anknüpfungspunkte sind dort natürlich reichlich gegeben. Leicht wird es dem gewandten Schlepper, kleine Schwächen und eine etwa vorhandene Spielpassion des erkorenen Opfers zu erkunden. Wenn nicht anders wird eine Fahrt auf den Rennplatz oder ein Vergnügungslokal verabredet, wo dann natürlich ganz zufällig die Bekanntschaft des oder der eigentlichen Falschspieler gemacht wird. Schließlich endet die Vergnügungsreise in dem stillen Winkel eines Lokales. Unter reichlicher Zufuhr alkoholischer Getränke schwinden dann die letzten Bedenken des Opfers. Schließlich wird der Freier nach allen Regeln der Kunst „abgegossen". Das Verfahren bei dem Spiele selbst ist in allen Fällen, abgesehen von den Unterschieden, die durch die Gewohnheiten und Anschauungen des Kreises, in dem die Vorfälle sich abspielen, gegeben sind, das gleiche. Ist das Opfer nicht geneigt, sich auf ein Glückspiel einzulassen, begnügen sich die Jocker auch damit, in einem harmlosen Spiele — allerdings zu hohem Point — ihrem Opfer etwas langsamer aber ebenso sicher das Geld abzunehmen. Starke Verluste des Gegners haben für den Gewerbsspieler auch den Vorteil, dem Verlierer den Gedanken, sein Glück einmal im Hasardspiele zu versuchen, nahezulegen. Wenn nichts anderes verfangen will, hat einer der Genossen — von denen mindestens einer angeblicher Rittergutsbesitzer oder gar Goldminenbesitzer ist — seinen Geburtstag, der natürlich mit Sekt gefeiert werden muß. Das Opfer wird eingeladen, kann nicht abschlagen und muß am Ende, wie es dann leider zu spät merkt, die ganzen Unterhaltungskosten allein tragen. Wird im weiteren Verlauf der Vorschlag gemacht, Getränke auszuspielen, und geht das Opfer in der Hoffnung, sich für die Einladung erkenntlich zu zeigen, darauf ein, so lassen die Falschspieler den Fremden gewinnen. Ist dieser erst durch den Gewinn und den reichlichen Genuß von Sekt warm geworden, so hat er nichts dagegen, wenn sein liebenswürdiger Wirt — natürlich nur der leichteren Rechnung wegen — Gewinn und Verlust von einem der Zechgenossen aufschreiben läßt, und schließlich um Geldeinsätze gespielt wird. Es ist eine alte Gaunerregel, die meines Wissens kaum jemals verletzt worden ist, zu Anfang und bei kleinen Einsätzen den Unerfahrenen gewinnen zu lassen. Die Verluste der Gewerbsspieler geben diesen die erwünschte Gelegenheit, auf Erhöhung der Spieleinsätze zu dringen, angeblich um die Möglichkeit eines schließlichen Spielausgleiches nicht zu verscherzen, tatsächlich aber, um in ein paar Zügen später nicht nur das Verlorene, sondern noch ein erhebliches mehr um so sicherer einzuheimsen. Glücklich ist, wer nur mit Schaden an barem Gelde davonkommt und nicht noch Wechsel in den Händen der Gauner zurückläßt. Beim Schluß der Sitzung und Rechnung stellt sich nämlich in der Regel heraus, daß das Opfer mehr verloren hat, als es verfügbares Geld bei sich hatte. Selbstverständlich ist dann immer einer der Genossen bereit, den Betrag -- natürlich nur der Form halber — gegen Wechsel, wegen dessen Einlösung man in jeder Form entgegenkommen würde, vorzuschießen. Auf ein Entgegenkommen dieser Glücksritter hat das Opfer dann aber in den meisten Fällen nicht zu rechnen. Das ist auch ganz natürlich, da diese Leute nur vom Raube leben. Einzelne der Spiele oder vielmehr Bauernfänger-Kunststücke, deren sich Gauner dieser Art zur Ausplünderung von Vergnügungsreisenden der begüterten Lebewelt bedienen, sind unter Bauernfängerspieler (siehe Seite 72) beschrieben. Eine besondere Art von Industrierittern, die es auf reisende Kaufleute abgesehen hat, verdient noch eine besondere Würdigung. Es sind dies die Zocker als „Geschäftsreisende". Diese Leute gehören zwar zu den Lokalzockern, sind aber eine besondere Klasse derselben. Ich folge nun der Darstellung von Saskalys in der Schrift: Die Falschspieler von Berlin. „Der besser situierte, in seinen Bezügen nicht knapp gehaltene Geschäftsreisende hat nach des Tages Last und Arbeit das natürliche Bedürfnis, sich ein wenig zu amüsieren. Die Kleinstadt, in die ihn sein Geschäft öfters führt, kann ihm, dem verwöhnten Großstädter, nichts bieten. Er muß also wohl oder übel den Abend im Hotel verbringen. Unter diesen Umständen ist selbst ein wenig passionierter Spieler einem Spiel unter Kollegen nicht ganz abhold. Diese Tatsache wissen diese Zocker geschickt zu nutzen. Durch ihren Schieber an dem Orte orientiert sind die 2 Falschspieler eingetroffen. Schon bei Gelegenheit des Abendbrotes hat der eine, und zwar nicht der eigentliche Falschspieler, sondern sein Helfer das Wild gestellt, und nun beginnt die „Bearbeitung" desselben. Mit einigen Redewendungen wird ein Gespräch angeknüpft und der natürlich völlig fremde Falschspieler als „Herr Kollege" mit hineingezogen. Die Unterhaltung ist bald im besten Gange. Die gesellschaftlichen Talente eines gewandten Berufsspielers bewähren sich auf das beste. Den Ahnungslosen nehmen die angenehmen Umgangsformen der beiden Genossen ohne weiteres für sie ein. Ihre Beschlagenheit auf dem Gebiete des geschäftlichen Lebens bestärkt ihn in dem Wahne, es mit zwei erstklassigen Repräsentanten des Standes reisender Kaufleute zu tun zu haben; ihr höflich entgegenkommendes Wesen gewinnt ihn völlig. Ganz zufällig anscheinend streift die Unterhaltung das Thema „Spiel", und die Genossen wissen das Gespräch zwanglos so zu leiten, daß in der Regel der „Freier" selbst das Spiel anregt. Nur zögernd und nur mit dem Vorbehalte „natürlich nur zum Vergnügen“ und „nicht zu hoch“ stimmen die anderen zu. Wer einem so raffiniert berechneten Vorgehen nicht erliegt, muß mehr wie ein guter Menschenkenner und mehr wie einmal gerupft worden sein. Vielfach sind die Opfer auch noch nach der Ausplünderung von der moralischen Unantastbarkeit der Falschspieler überzeugt. Sie stehen eben unter der suggestiven Wirkung des weltgewandten und sicheren Auftretens der beiden Berufsspieler“. Dagegen kann es einem ehrlichen Spieler, der einmal zufällig Gewinnserien hat, viel eher passieren, beargwöhnt zu werden, weil er eben kein erfahrener Weltmann ist und kein solches Gaukelspiel mit einem Helfer aufzuführen vermag. Die Tatsache, daß auch andere, deren intime Verbindung mit seiner Person er sorgfältig vor fremden Augen und Ohren verbirgt, in gleicher Weise am Spiele teilnehmen, Bank halten und gewinnen, ist geeignet, jeden Argwohn von vornherein zu entkräften. Da die Falschspieler auf gemeinschaftliche Rechnung spielen, ist es für den Erfolg ganz gleichgültig, ob der Falschspieler selbst oder sein Helfer beim Spiele hauptsächlich gewinnt. Ein einigermaßen gewandter Gewerbsspieler wird es so einzurichten wissen, daß sein Genosse den Löwenanteil am Gewinne davonträgt.

Ich erinnere mich eines Falles, wo bei Gelegenheit eines patriotischen Festes in dem Gasthofe einer Mittelstadt von einem Schieber herbeigerufen ein angeblicher früherer Offizier — sagen wir, „Graf Bumski“ — erschien und von den Honoratioren an der Festtafel freudig begrüßt wurde. Sein joviales Wesen sowie einige von ihm gespendete Flaschen Sekt steigerten die schon gehobene Stimmung noch um ein bedeutendes. Wer die Anregung zum Spiele gegeben hatte, konnte nachher niemand sagen. Genug! man konnte dem liebenswürdigen Grafen nichts abschlagen, und nach Verlauf einer kurzen Zeit war ein fröhlicher Tempel etabliert, bei welchem der Ehrengast die Bank hielt. Da erschien, wie gerufen, — natürlich ganz von ungefähr und in Geschäften reisend — ein reicher Fabrikbesitzer aus Dingsda, der unseren Grafen von früherer Zeit kannte. Der Mann war, wie vorauszusehen, kein Spielverderber und ließ sich nicht lange zum Mitspielen nötigen. Wer beschreibt aber die langen Gesichter der Tafelrunde, als der letzte Gast in nicht allzulanger Zeit nicht nur dem Grafen Bumski, sondern auch den Honoratioren den Beutel gründlich geleert hatte. Als sich später herausstellte, daß beide, und zwar nicht nur der vom Glücke auffallend begünstigte Fabrikbesitzer, sondern auch der angebliche Graf, bekannte gewerbsmäßige Spieler waren, die nach vorher verabredetem Plane auf gemeinsame Rechnung gespielt und betrogen hatten, wollte anfänglich kaum einer der Tafelrunde bezüglich des letzteren auch nur an eine solche Möglichkeit glauben. Noch vollkommener wird die Täuschung, wenn die Falschspieler dem Freier die Bank beim Glücksspiele überlassen. Das harmlose Opfer hält dann leicht einen Betrug für ausgeschlossen, weil es ja selbst die Karten gegeben hat und garnicht auf den Gedanken kommen kann, daß es seinen Gegnern selbst geholfen hat. Man darf eben nie vergessen, daß man es in allen solchen Fällen um einen planmäßigen, in allen Einzelheiten vorher zwischen den Genossen verabredeten und im gemeinschaftlichen Zusammenwirken vollendeten Spielbetrug handelt. Bis zu welcher Vollendung solche Komödien gespielt zu werden pflegen, lehrt die Erfahrung, daß Ausgeplünderte, denen bei ihrem auffallenden und rätselhaften Unglück im Spiele Skrupel an der Ehrlichkeit des Spieles entstanden, sich mit der Bitte um Rat und Hilfe — mit welchem Erfolge kann man sich denken — vielfach an Genossen der Falschspieler wandten. Das erleichtert natürlich, mag es sich nun um das Spiel eines gewöhnlichen Bauernfängers oder eines Falschspielers der feineren Sorte handeln, dem Helfer und Schlepper des Gauners ganz außerordentlich, das Opfer auf eine falsche Fährte zu lenken und dem Genossen einen ungehinderten Rückzug zu ermöglichen.

Der Falschspieler als Globetrotter und Vergnügungsreisender feineren Stiles ist natürlich eine Klasse für sich und nicht die ungefährlichste, wie verschiedene große Spielerprozesse vor dem Ausbruche des Weltkrieges gelehrt haben. Persönlichkeiten wie der angebliche „Graf Korff-König" oder der „Marquis de la Ramée" oder der angebliche „Etienne de Buies" — letztere beide Rumänen — nehmen wegen ihrer abenteuerlichen Fahrten, ihres dem geriebensten Hochstapler Ehre machenden Auftretens und der Kreise, in denen sie ihre Opfer suchten, das Interesse der Öffentlichkeit natürlich in hervorragendem Maße in Anspruch. Die Form des Betruges und die Arbeit der Schlepper und Helfer vollzieht sich auch in diesen Fällen im wesentlichen in derselben Art und Weise, wie vorher bezüglich der „Lokalzocker" geschildert ist. Die von den Falschspielern zur Ausplünderung der Opfer im gemeinschaftlichen Zusammenwirken mit ihren Helfern benutzten Falschspielerkniffe unterscheiden sich von den Kunststücken der gewöhnlichen Bauernfänger nur dadurch, daß sie Abwandlungen der in besseren Kreisen üblichen Glückspiele (siehe Seite 82) sind. Da auch auf diesem Gebiete die Mode wechselt, ist eine erschöpfende Darstellung dieser Kniffe nicht möglich. Nicht nur die gewöhnlichen Bauernfänger, sondern auch die Zocker feinerer Art ändern vielfach ihre Falschspielerkunststücke insbesondere dann, wenn sie befürchten müssen, daß dieselben durch eine die Öffentlichkeit interessierende Gerichtsverhandlung weiteren Kreisen bekannt geworden sind. Da die angewandten Kunststücke harmlosen Spielen oder einfachen Glückspielen nachgebildet sind, und die unerfahrenen Opfer meist nicht wissen, wie ihnen mitgespielt worden ist, so wird eine Aufklärung eines Spielbetruges nur durch Zuziehung eines Sachverständigen zu ermöglichen sein.

Die Auswahl eines geeigneten Lokales oder geeigneter Räumlichkeiten zur Sicherung ungestörter Arbeit und zum Schutze gegen unliebsame Überraschungen ist für die Falschspieler natürlich von besonderer Bedeutung. Handelt es sich um Spielhöllen, Sammelpunkte und Schlupfwinkel gewerbsmäßiger Spieler in öffentlichen Lokalen, so schützt „die Spanne" d. h. von den Bankhaltern bezahlte Aufpasser vor Überrumpelungen durch die Polizei. Lohnt der Betrieb, so sind mehrere Bankhalter in Tätigkeit. Haben die „Freier" das mitgebrachte Bargeld verloren, so leihen anscheinend unbeteiligte Zuschauer auf Wertsachen Geld. Das geliehene Geld wird selbstverständlich ebenfalls verloren. Die verpfändeten Wertsachen werden weiter „verschoben". Wird für den Inhaber der Räume nicht aus dem Gewinne der Banken ein bestimmter Anteil (Pinke) abgesetzt, so erhält derselbe als Karten- oder Lichtgeld eine ausreichende Entschädigung. Da beim Spiele meist wenig verzehrt wird, erscheint in gewissen Zeiträumen der Kellner, um eine vom Bankhalter zu bezahlende neue Lage von Getränken zu bringen.

Im übrigen werden von den Zockern meist Lokale bevorzugt, in denen mangelnde Aufsicht oder ein besonders günstig gelegener Raum ungestörte Arbeit sichern. Nach meinen Erfahrungen geben sich Inhaber gutgehender Lokale nicht dazu her, Glücksrittern in ihren Räumlichkeiten die Ausübung ihres Gewerbes zu gestatten. Handelt es sich aber um Lokale, in denen schlechter Geschäftsgang und die Aussicht auf eine gute Zeche den Wirt veranlassen, ein Auge zuzudrücken, so glänzt der Lokalinhaber im gegebenen Falle meist durch Abwesenheit. Seine Interessen werden dann durch einen dienstbaren Geist wahrgenommen, dassen Schweigen oder Mithilfe sich die Zocker vorher gesichert haben.

Die Gefahren, welche den Zockern in öffentlichen Lokalen durch Zugriffe der Polizei und die Erpressertaktik unerwünschter Mitwisser drohen, ließ kluge Köpfe aus Kreisen besserer Berufsspieler schon vor Ausbruch des Weltkrieges auf Abhilfe sinnen. Es lag nahe, die Vorteile eigener Wirtschaft mit der sich hieraus ergebenden Möglichkeit des Ausschlusses störender Elemente und einer erhöhten Sicherung gegen polizeiliche Maßnahmen mit dem Nutzen eines regelmäßigen Betriebes durch eine uneingeschränkte Werbe- und Schleppertätigkeit zu vereinen. So entstanden unter dem Aushängeschild eines geschlossenen Spielklubs allerhand fragwürdige Unternehmungen mit dem Ziele, aus der Unerfahrenheit und Spielsucht anderer eine Quelle fortgesetzten Erwerbes zu machen. Solche Gründungen waren eigentlich gar keine Klubs oder Vereine, sondern mit einer gewissen Regelmäßigkeit zu bestimmten Tages- und Nachtzeiten im Betrieb befindliche, mehr oder weniger öffentliche Spielbanken. Der Zutritt stand jedem von dem Vorstande Eingeladenen oder von sogenannten Mitgliedern Eingeführten frei. Nähere persönliche oder berufliche Beziehungen waren nicht Voraussetzung der Einladung oder Einführung. Maßgebend waren nur Spiellust und genügende Barmittel zur Befriedigung derselben. Strafrechtliche Verfolgungen wie z. B. der Prozeß gegen einige Mitglieder des sogenannten „Klubs der Harmlosen" in den Jahren 1899 und 1900 oder gegen den Generalagenten einer Versicherungsgesellschaft und Inhaber eines Rouletteklubs im Jahre 1911 vor dem Landgericht I Berlin lenkten zwar die Aufmerksamkeit einer weiteren Öffentlichkeit auf die der Rechtssicherheit durch solche Unternehmungen drohenden Gefahren, vermochten aber nicht, die Berufsspieler von ähnlichen Gründungen abzuschrecken.

Man kann einem systematisch verübten Betruge — und um einen solchen handelt es sich bei jedem Falschspiele — nur begegnen und ihn aufzuklären hoffen, wenn man das System kennt. Der Verdeutlichung des Systems sollen auch die nachstehenden Ausführungen über die Technik des Betruges beim Falschspiele dienen.

Es würde ein folgenschwerer Irrtum sein, anzunehmen, daß jemand ein Kartenkünstler sein müsse, um beim Spiele betrügen zu können. Von einem Falschspieler, wenn er nicht ein grober Anfänger in seinem Berufe ist, wird sich niemand eines Betruges versehen. Ihm kommt es nicht wie dem Taschenspieler darauf an, zu verblüffen, seine Fingerfertigkeit im besten Lichte zu zeigen, aller Aufmerksamkeit zu fesseln und auf einen Punkt zu lenken, um seine Kunststücke zu verbergen. Ihm liegt vielmehr daran, in keiner Weise aufzufallen oder gar Gegenstand der Beobachtung anderer zu werden. Sein natürlicher Bundesgenosse ist das Spiel selbst und die im Verlauf desselben sich immer mehr steigernde Spannung und Aufregung der Beteiligten. Erfahrene Falschspieler, die im Gegensatze zu ihren Gegnern stets nüchtern bleiben, suchen durch reichliche Zufuhr berauschender Getränke, Erhöhung der Einsätze und andere Mittel die Spielleidenschaft aufs äußerste zu entflammen. Demselben Zwecke dient es, wenn Gewerbsspieler im Anfang des Spieles ihre Opfer gewinnen lassen. Nur wer am Spieltisch selbst gestanden hat, kann sich einen annähernden Begriff davon machen, bis zu welchem Grade die Aufmerksamkeit, das Interesse des Spielers fast ausschließlich durch den eigenen Gewinn und Verlust, d. h. durch Dinge, die mit der Technik des Falschspieles nicht das mindeste zu tun haben, in Anspruch genommen wird. Der geistige Blickpunkt ist sozusagen verengt. Den meist gewohnheitsmäßig und mechanisch vor dem eigentlichen Spielbeginn erledigten Vorbereitungen zum Spiele, dem Herbeischaffen der Karten, der Zahl, Art und Beschaffenheit derselben, dem Mischen, Abheben und Geben, sowie dem Zusammenlegen derselben nach beendetem Spielabschnitte — den für das Falschspiel wichtigsten Momenten — wird so wenig Aufmerksamkeit geschenkt, daß die wenigsten sich nach dem Spiele hierüber noch irgendwelche Rechenschaft zu geben vermögen. Die Spielleidenschaft macht tatsächlich während des Spieles die von ihr Befallenen mehr oder weniger blind gegen alles, was nicht unmittelbar mit dem eigenen Spiele zusammenhängt. So bedarf es weniger einer besonderen Kunstfertigkeit als einer dreisten Stirn und einiger Beobachtungsgabe, um seinen Vorteil als Falschspieler wahrnehmen zu können. Schließlich ist es auch nicht jedermanns Sache, einen Spielbetrug sicher und zuverlässig beobachten zu können. Für die geistige Erfassung der großen Mehrzahl der Menschen geht alles verloren, wofür der tägliche Gebrauch, die Erfahrung, der Beruf nicht schon ein Interesse geweckt und eine Anschauung vorgebildet hat. Es sind dann zwar Sinneseindrücke vorhanden, dieselben werden aber nicht bewußt aufgenommen, weil sie sich nicht mit verwandten Vorstellungen verknüpfen und zu einem Vorstellungsbilde vereinigen lassen. Nur ein Kenner, dessen Aufmerksamkeit nicht abgelenkt ist, vermag einem Falschspieler Kniffe abzusehen und abzulauschen, aber auch nur insoweit, als solche ihm selbst geläufig sind. Unbeteiligte und erfahrene Zuschauer werden aus begreiflichen Gründen von solchen Leuten gemieden. Das ist auch einer der Gründe, warum Falschspieler im allgemeinen in besseren Klubs keine Gastrollen geben und ihre Opfer lieber in Privatzirkel oder sonst geeignete Lokalitäten verschleppen. Es gelingt meist nur in Ausnahmefällen, Falschspieler auf frischer Tat zu überführen. Wenn man in den übrigen Fällen sich nicht von vornherein völlig von dem mehr oder minder guten Willen der Beteiligten abhängig machen und unter Umständen auf Untersuchung eines Spielbetruges überhaupt verzichten will, muß man sich mit bestimmten sicheren Normen für solche Feststellungen vertraut machen.

Die grundlegende Voraussetzung jedes ehrlichen Spieles ist die genaue Beachtung der allgemeinen Spielregeln. Hierunter versteht man, daß

1. die Karten ohne äußerlich erkennbare Merkmale und in richtiger Anzahl vorhanden sind,
2. richtig gemischt,
3. gehörig abgehoben,
4. in vorgeschriebener Weise gegeben werden,

5. Spielgegner nicht in einem geheimen, durch die Spielregel ausgeschlossenen Einverständnis zum Nachteile Nichteingeweihter handeln.

Unter den Hilfsmitteln des Falschspielers steht an erster Stelle die Verwendung geeigneter Karten. Karten sind für seine Zwecke geeignet, wenn er dieselben von der Rückseite aus erkennen und sein Spiel darnach einrichten kann. Jede fabrikmäßig hergestellte Karte mit durchlaufendem, d. h. bis an den Rand reichenden Rückenmuster ist für den Falschspieler schon durch die sogenannte „Naturmarke" gekennzeichnet. Der regelmäßige Verlauf des sich gleichbleibenden und an den Rändern verschieden geschnittenen Musters ermöglicht, durch eigenartige, bei Karten gleichen Wertes wiederkehrende, sonst nicht vorkommende Randbilder das Wiedererkennen bestimmter Karten. Man muß nur wissen, worauf es ankommt und das Auge auf solche Unterschiede einstellen. In der Auffindung solcher Kennzeichen vermag die Übung Bedeutendes zu leisten. Wo das Auge des Ungeübten nur ein verwirrendes Muster von Linien und Punkten sieht, findet das geschulte Auge Merkmale, die dem Laien entgehen. Ich habe es erlebt, daß ein Berufsspieler aus einem Pakete frisch aus dem Laden geholter Karten nach einmaliger Durchsicht bereits eine Reihe von Karten an dem Rückenmuster zu erkennen vermochte. Einem Falschspieler genügt es unter Umständen auch, nur einzelne, besonders wichtige Blätter von der Rückseite aus zu erkennen, um sich einen wesentlichen Vorteil über einen unerfahrenen Mitspieler zu sichern.

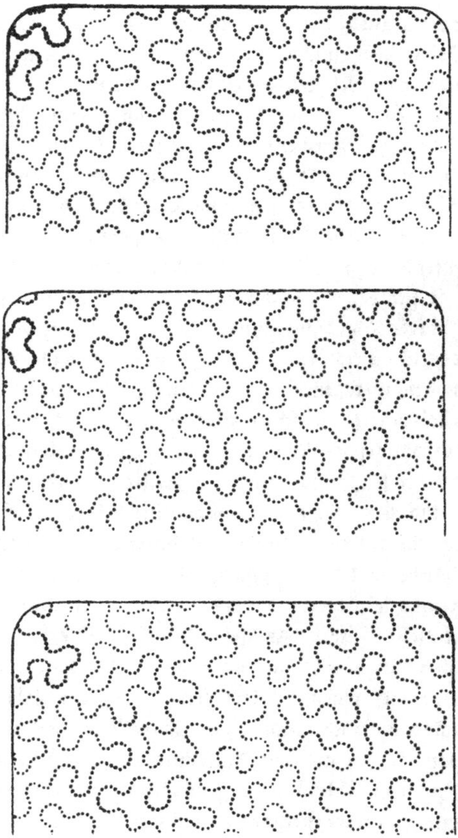

Abb. 1.

Wie mir ein Kartenfabrikant versicherte, ist es bisher noch nicht gelungen, Karten herzustellen, welche durchaus keine „Naturmarken" hätten. Selbst mit einem Rande auf der Rückseite versehene Karten, welche in der-

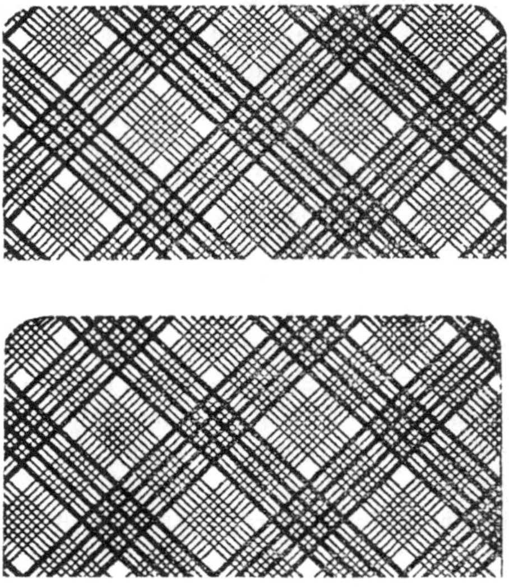

Abb. 2.

selben Umrahmung anscheinend wiederkehrend genau dasselbe Muster zeigen, weisen durch die fabrikmäßige Herstellung erzeugte „Naturmarken" auf. Die Abbildungen 1 und 2 veranschaulichen Naturmarken, d. h. markante Randbilder bei 2 sehr gebräuchlichen Kartenmustern.

Bei der Abbildung 1 weise ich auf die eigenartigen Eckbilder hin, die durch dunklere Farbe noch besonders kenntlich gemacht sind. Bei Abbildung 2 ist zu beachten, wie die großen Karos rechts am Rande abschneiden. Man wird ohne weiteres zugeben, daß weder ein besonders gutes Gedächtnis noch ein besonders scharfes Auge dazu gehört, um derartige, durch die Fabrikation gezeichnete Karten aus anderen herauszufinden. Das durch den fabrikmäßigen Schnitt entstehende Randbild bei Karten mit durchlaufendem Muster ist für den Falschspieler der Schlüssel zum Erkennen der Karte von der Rückseite. Es gibt natürlich Muster, die sich mehr, und andere, die sich weniger gut hierfür eignen.

Unter den Kartensorten, welche auf der Rückseite genau dasselbe Muster in derselben Umrahmung zeigen, gibt es solche, bei denen der obere und der untere Teil des Rückenmusters sich nicht in allen Einzelheiten genau gleicht. Karten mit solchen Merkmalen in Händen eines Falschspielers oder seiner Genossen können zur Kennzeichnung wichtiger Karten im Spiele Verwendung finden. In einem Kartenpakete, dessen Blätter so geordnet sind, daß eine besonders charakteristische Eigentümlichkeiten des Rückenbildes sich z. B. nur im oberen Teile der Kartenbilder vorfindet, ist jede Karte, die in umgekehrtem Sinne hineingesteckt wird, von dem Wissenden ohne große Mühe zu erkennen. Bei Gelegenheit der Rennen in Hamburg wurde einmal im Glücksspiele „Meine — Deine Tante", und zwar nachgewiesenermaßen durch Betrug, ein Unerfahrener ausgeplündert. Im Besitze des Falschspielers wurde ein solches Spiel Karten gefunden.

Sollte der Falschspieler in einem Paket Karten mit bis an den Rand durchlaufendem Rückenmuster einzelne Karten mit nicht geeigneten Randbildern finden, so nimmt er einen Umtausch mit geeigneten Karten eines gleichartigen Spieles vor. Solche aus verschiedenen Spielen zum Zwecke des Betruges zusammengestellte Karten nennt man „choisiert". Ist der „Zocker" einmal gezwungen, mit Karten zu spielen, mit denen er in diesem Sinne nichts anzufangen weiß, so bleibt ihm immer noch übrig, während des Spieles selbst besonders wichtige Blätter zu zeichnen, d. h. mit „Zinken" zu versehen. Kleine Kniffe an den Ecken, leichte Biegungen der Blätter gleichlaufend zu den Langseiten, der Eindruck eines Fingernagels oder auch der Abdruck eines angefeuchteten Fingers an gegenüberliegenden Ecken sind Mittel, um einzelne Karten auch ohne besondere Hilfsmittel für das Auge des Wissenden zu kennzeichnen. Viel rationeller, allerdings auch viel gefährlicher im Falle einer Entdeckung ist die Anbringung künstlicher „Zinken" an den Karten vor dem Spiele. Solche Merkmale werden für den tastenden Finger oder das Auge mit einer stumpfen Nadel, Farbe oder farbigem Stifte auf der Rückseite, und zwar stets an zwei gegenüberliegenden Ecken, angebracht. So können sie bei jeder Lage der Karte von dem Finger oder von dem Auge des Wissenden leicht gefunden werden. Natürlich müssen solche Merkmale in Farbe und Form dem Rückenmuster angepaßt sein und sind dann nur dem Eingeweihten fühlbar und sichtbar. Für die Anbringung solcher Zinken eignen sich besonders Karten, welche ein Rückenmuster in einem Rahmen haben, wie die vielfach nach amerikanischen Mustern hergestellten Karten. Abbildung 3 verdeutlicht solche Zinken. Im oberen Rande der drei aufeinanderliegenden Karten sind links oben über den Randbogen des Rahmens die Zinken als kleine helle Punkte sichtbar.

Abb. 3.

Eine besonders wirksame Art, Karten zu kennzeichnen, besteht darin, einen Teil der Blätter keilförmig derart zu beschneiden (biseautieren), daß sie mit dem breiteren Teile seitwärts ein wenig über die übrigen gleichlaufend zur Längsseite gleichmäßig beschnittenen herausragen. Die keilförmig geschnittenen Karten werden dem suchenden Finger beim Mischen und Abheben deutlich fühlbar und geben dem Falschspieler die Möglichkeit, solche Blätter nach Belieben unterzubringen. Karten können auch dadurch gezinkt werden, daß sie nicht auf der Rückseite, sondern an den scharfen Rändern nahe den Ecken mit einem stumpfen Instrumente gedrückt werden. So bearbeitete Karten sind besonders beim Mischen gut zu erkennen.

Bei einem Falschspieler wurden einmal Karten gefunden, bei denen ein Teil, und zwar die Asse, Könige, Damen, Buben, für das Spiel „Meine — Deine Tante" dadurch gekennzeichnet waren, daß sie mit der Rückseite eine gewisse Zeit dem Sonnenlichte ausgesetzt, dadurch in der Farbe gebleicht und heller als die anderen Blätter waren. Hält man sich vor Augen, daß eine Kennzeichnung der Karten durch Naturmarken, Zinken oder in anderer Art die verdeckt auf oder im Pakete liegenden Blätter während des Zusammenlegens, Mischens, Abhebens, Gebens und Abziehens leicht erkennen läßt, so ist dieser Vorteil für den Falschspieler so offenkundig, daß er kaum einer Erläuterung bedarf.

Da die Muster der gebräuchlichen Karten überall erhältlich sind, besteht für den Falschspieler keine Schwierigkeit, für seine Zwecke hergerichtete Karten selbst in eine geschlossene Vereinigung — natürlich mit Unterstützung von Helfern — einzuschmuggeln. In einem sogenannten Spielklub wurden nach dem Auftreten zweier Falschspieler eine größere Anzahl gezinkter Karten entdeckt. „Zocker" nehmen natürlich ihr Handwerkszeug auf Reisen mit. Bei einem solchen wurde einstmals eine Musterkollektion der gebräuchlichsten Spielkarten, alle gezinkt, aber in dem Anscheine nach gänzlich unversehrten Papierhüllen, wie solche von den Fabriken geliefert werden, gefunden. Kein Uneingeweihter konnte ahnen, daß sämtliche Hüllen schon einmal geöffnet und nach Kennzeichnung der Karten wieder geschlossen waren. Solche Karten in der Hülle werden unter Umständen dem Kellner mit einem guten Trinkgelde und der Weisung in die Hand gedrückt, auf Wunsch diese Karten zu bringen. Kann der Zocker, ohne Verdacht zu erregen, nicht durch einen Helfer die Karten zum Spiele liefern, so wird er dieselben in einem geeigneten Momente während des Spielverlaufes mit den schon vorhandenen durch einen Genossen vertauschen lassen.

Wie wichtig es ist, die Karten vor Beginn des Spieles nachzuzählen, lehrt folgender Fall. Nach einer Partie Klaberjaß in einem Café war aufgefallen, daß stets zwei Karten, und zwar ein Bube und ein Aß — die höchste und dritthöchste Karte — aus dem betreffenden Spiele fehlte, wenn ein fremder Gast mitspielte. Hierdurch aufmerksam gemacht, hatte ein Kellner beobachtet, wie der Fremde — ein bekannter Falschspieler — schon vor Anfang des Spieles in Erwartung seiner Mitspieler diese Karten in seiner Tasche hatte verschwinden lassen. Das Zurückbehalten von Karten aus einem vorhergehenden Spiele, um dieselben im geeigneten Momente ins Spiel zu bringen, ist auch ein beliebter Kniff der Zocker niederen Grades.

Fast ausnahmslos enthalten Kartenspiele sowohl das Moment der Berechnung als des Zufalles. Die Berechnung wird bedingt durch die für das betreffende Spiel geltenden Sonderregeln, der Zufall durch die im allgemeinen für alle Spiele geltenden Regeln des Mischens und Abhebens. Durch unregelmäßige, vorher nicht berechnete Bewegungen soll hierbei künstlich der reine Zufall erzeugt werden. Könnte sich jemand beim Mischen, Abheben und Geben der Karten genaue Rechenschaft geben über die Art der Verteilung der Karten, so ist der Zufall, d. h. die grundlegende Voraussetzung jedes ehrlichen Spieles aufgehoben. Das ist es aber gerade, worauf sich alle Anstrengungen der Falschspieler richten. Ein nur einigermaßen gewandter „Zocker" kann beim Mischen den Verbleib einzelner wichtiger Karten nicht nur mit dem Auge verfolgen, sondern auch mit dem Finger leiten. Eine wesentliche Hilfe hierbei leisten ihm die vorher erörterten natürlichen oder künstlichen Merkmale der Karten. Die zur Zeit vielfach gebräuchliche Art des Mischens, mit der einen Hand das Kartenpaket zu halten und mit der anderen, den vorderen oder hinteren Teil der Blätter zu ergreifen und mitten in den Rest der Karten hineinzustecken, dieselben sozusagen zu schneiden, erleichtert das Falschspiel. Dem Zocker ist es ein leichtes, vorher zurechtgelegte, oben auf oder unter dem Kartenpaket untergebrachte Blätter überhaupt nicht mitzumischen und dieselben an die gewünschte Stelle zu bringen. Eine aus Amerika eingeführte Art des Mischens bietet auch kein Hindernis für den Falschspieler. Hierbei wird das Kartenspiel geteilt und beide Hälften in einem schrägen Winkel zueinander auf den Tisch gelegt; nun biegt man die benachbarten Ecken der Karten in die Höhe und läßt die Blätter beider Hälften anscheinend wahllos ineinander schnellen. Der Falschspieler hat die Karten aber schon beim Zusammenlegen geordnet und läßt die Karten zur Erzielung einer bestimmten Reihenfolge, wie es in seine Rechnung paßt, ineinanderfallen. Eine für den Zocker besonders charakteristische Art des Mischens oder „Salatmachens" ist das „Löffeln", bei welchem unter scheinbaren Mischbewegungen immer nur einzelne Karten vom Pakete heruntergezogen und unter dem Boden untergebracht werden. Durch ein derartiges „Löffeln" wird erreicht, daß die Karten tatsächlich nicht gemischt, sondern nur in umgekehrter Reihenfolge angeordnet werden. Das Herunterziehen einzelner Blätter hat den Vorteil für den Falschspieler, einer Reihe vorher zurechtgelegter, am Boden des Paketes untergebrachter Karten jede beliebige Lage im Kartenpaket anzuweisen. Man spricht so von einem „Auf-Vordermann"- oder „Auf-Hintermann"-Mischen, wenn der erstere oder letztere die „Ladung" zurechtgelegter Karten erhalten soll. Eine besondere Art des falschen Mischens ist das „Melken". Hierbei wird stets die oberste und die unterste Karte des Paketes mit einem Griffe abgezogen und die abgezogenen Karten aufeinander auf einen Haufen gelegt. Wird dieses Mischen ehrlich gemacht, so wird nach und nach das ganze Paket gründlich durcheinander gemischt. Hat der Zocker aber die Karten im Pakete vorher so geordnet, daß in der oberen Hälfte alle Karten mit gerader, in der unteren alle mit ungerader Augenzahl untergebracht sind — die Bilder werden nach Verabredung bewertet —, so folgen nach dem „Melken" gerade und ungerade Karten durchgehend aufeinander. Diese Ordnung wird auch durch wiederholtes Abheben, wie sich jeder überzeugen kann, nicht gestört. Mit einer derartig „geladenen“ Karte kann der „Zocker“ und seine Genossen beim Spiele „Meine — Deine Tante“ den „Freier“, welchem unter Umständen die Bank zugeschoben wird, nach Gefallen verlieren lassen. Zu erwähnen bleibt noch eine Art des falschen Mischens, nämlich das sogenannte „mathematische Mischen“. Hierbei werden unter Annahme einer bestimmten Karte als Grundkarte eine Anzahl von Blättern in einer gewissen Reihenfolge gelegt. Der Erfolg einer solchen Mischung ist der, daß z. B. der Bankhalter oder ein Pointeur beim Spiele Bakkarat eine Reihe gewinnbringender Schläge und seine Gegner Verluste haben. Das Aussuchen und Zusammenstellen einer „Ladung“, d. h. einer Reihenfolge von Karten, wird von gewandten „Zockern“ im Spielsaale selbst, und zwar in einer Spielpause beim Zusammenlegen der Karten oder besser noch während des Spieles von einem unbeschäftigten Genossen unter Benutzung der beiseite gelegten zum Spiele nicht benutzten Blätter bewirkt. Bei einer Gastrolle reisender Spieler in einer Kleinstadt konnte einmal ein Kellner einen Genossen des Falschspielers während des Spieles selbst beim Zusammenstellen solcher „Ladungen“ für das Mauschelspiel beobachten. Diese Ladungen werden dann im geeigneten Momente beim Mischen oder Abheben an gewünschter Stelle angebracht. Beim Bakkarat mit herumgehender Bank nach einem opulenten Jagdessen wurde einst ein Falschspieler beim Anbringen einer Reihenfolge zurechtgelegter Karten gerade in dem Augenblicke überrascht, als er die „gepackten" Karten auf das vom Nachbar zum Bankhalten erhaltene Paket gelegt hatte. Tatsächlich fand man dann beim Nachzählen der Karten eine beträchtliche Anzahl Karten mehr vor, als zum Spiele verausgabt waren. Haben „Zocker" einen harmlosen Freier für das Pokerspiel geangelt, so kommt, wenn das Opfer erst warm geworden ist, d. h. nach anfänglichem Gewinn hoch herangeht, auch die „Pistole" — ein gemeingefährlicher Kniff — in Anwendung. Im Begriff, Karten zu geben, läßt der Zocker einen größeren Geldschein fallen; mit den Karten in der Hand bückt er sich darnach und vertauscht unter dem Tische das Spiel mit einem vorher zurechtgelegten. Das neue Spiel ist so geordnet, daß der „Freier" vier Könige, der Genosse des Zockers aber vier Asse erhält. Während nun der Genosse das Spiel immer weiter in die Höhe treibt, überbietet der „Freier" im Vertrauen auf die Güte seiner Karte jeden Satz des Gegners. Schließlich setzt der Unteingeweihte sein gesamtes Geld auf die vier Könige und hat natürlich verloren. Eine Reihe von Jahren vor dem Weltkriege machte ein bekannter Berliner Börsianer, der im Franzefuß eine damals sehr hohe Summe von 800 000 Mark verloren hatte, von sich reden. Wegen seiner großen Spielfertigkeit hatte kein Bekannter mehr mit ihm spielen wollen. So endete er schließlich in einem Café beim Spiele mit notorischen „Zockern". Anfangs war er seinen Gegnern überlegen, da er irgendwelche gewöhnlichen Falschspielerkünste sich nicht gefallen ließ.

Aber das Ende vom Liede war, daß er über Karten mit choisierter Naturmarke und geschickt angebrachte „Ladungen" stürzte.

Ein richtig ausgeführtes Abheben würde natürlich auch dem gewandtesten Gauner die ganze sorgsam zurechtgelegte „Ladung" verderben. Es bleibt ihm daher nur übrig, das Abheben derart zu fälschen, daß nach Erledigung desselben die vorher zurechtgemachte Reihenfolge von Karten wieder oben liegt. In Kreisen von Laien glaubt man immer noch an die Anwendung von Volten, wie sie Kartenkünstler schlagen, um abgehobene und nun unten liegende Karten wieder nach oben zu bringen. Zwischen einem Kartenkunststück, das ein Taschenspieler unter Ausnutzung voller Bewegungsfreiheit macht, und einer Volte, die ein Falschspieler auf dem Tische dicht vor den Augen der Mitspieler schlagen soll, ist aber ein himmelweiter Unterschied. Ich glaube nicht an die Möglichkeit einer Volte unter den gegebenen Umständen. In meiner langen Praxis ist mir kein einziger Fall der Anwendung derselben glaubhaft gemacht worden. Auch der geschickteste Taschenspieler kann eine Volte nie so unbemerkt ausführen, daß der Zuschauer nicht wenigstens ein ihm unerklärliches Zucken in den Karten und eine Bewegung der Finger wahrnimmt. Ein Falschspieler aber muß, wenn es glücken soll, alles vermeiden, was nur irgendwie die Aufmerksamkeit auf seine Person lenken und auch nur im entferntesten nach einem Kartenkunststück aussehen könnte. Um ein richtiges Abheben zu vereiteln oder das Abheben an einer von ihm gewünschten Stelle durch einen Genossen, im Notfalle auch durch seinen Gegner, bewirken zu lassen, bedient sich der Falschspieler verschiedener Mittel, von denen ich einige besonders wichtige erwähnen möchte. Ein verblüffend einfacher Kniff, der noch den großen Vorteil für den Gauner hat, daß niemand, wenn er einmal bemerkt werden sollte, an etwas anderes, als ein Versehen glauben wird, ist folgender. Ist der obere Teil der Karten vom Nachbar abgehoben, so greift der Falschspieler mit der rechten Hand nach dem unteren, liegengebliebenen Teile, als ob er ihn auf den abgehobenen legen wollte, legt ihn aber in die linke Hand, nimmt den vorher abgehobenen Kartenteil mit der rechten Hand auf und legt ihn wieder auf den unteren Teil in der linken Hand zurück. Arbeitet der Falschspieler mit beschnittene Karten, so bringt er eine unbeschnittene also breitere Karte an der Stelle an, wo er das Abheben wünscht. Der tastende Finger bleibt unwillkürlich beim Abheben an der aus dem Pakete hervorragenden breiteren Karte hängen und vollzieht das Abheben in der beabsichtigten Art und Weise. In anderer Weise deutet der Falschspieler durch die „Außenmolle" auch „Wellenschaukel" genannt, oder die „Innenmolle" dem helfenden Genossen an, wo er zum Abheben „hinlangen" soll. Hat der „Zocker" nach beendetem Mischen die „Ladung" nach unten gebracht, so biegt er sie gleichzeitig in der Längsrichtung ein wenig muldenförmig nach unten. Der Genosse greift dann zum Abheben in die Lücke hinein, die an der Langseite der Karten durch Biegung der

Ladung zwischen dieser und dem oberen Teile des Kartenpaketes entstanden ist. Diese Außenmolle hat aber den Fehler, daß sie dem Auge eines mißtrauischen Freiers bei scharfem Hinsehen an den Langseiten der Karten durch den Abstand der beiden Teile des Kartenpaketes sichtbar wird. Die „Innenmolle“, bei welcher der Falschspieler die unten liegende Ladung muldenförmig nach oben biegt, so daß an den schmalen, nicht an den langen Seiten der Karten ein Zwischenraum zwischen Ladung und dem Rest der Karten entsteht, ist, wenn auch nicht zuverlässiger, so doch sicherer. Demselben Zwecke dient es, wenn auf „Schwanz“ oder „Treppe“ gemischt, d. h. das Abheben so vorbereitet wird, daß der Zocker den oberen Teil der Karten ein wenig seitlich über die „Ladung“ herausragen läßt. Auch das „Nachschneiden“, das von erfahrenen Spielern als unfehlbares Mittel gegen Spielbetrug empfohlen wird, macht der Falschspieler seinen Zwecken dienstbar. Soll nachgeschnitten werden, so faßt der Genosse mit der linken Hand das Kartenpaket, zieht mit der rechten die oben aufgemischten mittels der Molle oder Treppe kenntlich gemachten Blätter herunter und schneidet sie in den liegengebliebenen Teil so hinein, daß der obere Teil — die Ladung — unberührt bleibt. Wird mit dem sogenannten „Auszug“ abgehoben, so hat der Falschspieler die Ladung oben aufgelegt. Der Genosse faßt mit der linken Hand zu, zieht mit der rechten den unteren Teil hervor, häufelt ihn mehrfach und legt zum Schlusse den unberührt gebliebenen Teil mit der Ladung wieder oben auf.

Auch der „Auszug aus der Mitte“ sieht sehr reell aus, ist aber ebenfalls nur ein Falschspielerkniff. Der Zocker hat zu dem Zwecke einige Blätter auf die Ladung aufgemischt. Der Genosse faßt mit der linken die zuletzt aufgemischten Karten, zieht mit der rechten den oberen Teil des übrigen Kartenpaketes mit der Ladung hervor und legt ihn oben auf.

Diese und ähnliche Arten falschen Abhebens wenden die Falschspieler abwechselnd miteinander an, um eine Beobachtung zu erschweren. Selbstverständlich wird den „Zockern“ die Arbeit bedeutend erleichtert, wenn, wie das verschiedentlich geschieht, beim Spiele auf ein Abheben nach dem Mischen überhaupt verzichtet wird.

In vielen Fällen muß der Falschspieler noch zu einem anderen Hilfsmittel, nämlich dem „scharfen Ziehen“ (Filage), d. h. einer Fälschung des richtigen Kartengebens, seine Zuflucht nehmen. Das Zusammenstellen und die Anbringung von Ladungen (Portées) erfordert viel Übung und Gewandtheit. Ihre Anwendung wird eine beschränkte sein; gefahrlos ist sie nur, wenn das Opfer sehr vertrauensselig ist oder im weiteren Verlaufe des Spieles nach reicher Zufuhr berauschender Getränke an Herrschaft über sich selbst eingebüßt hat. Das „scharfe Ziehen“ ermöglicht dem die Karten gebenden Falschspieler nicht die oberste, sondern die zweite oder dritte Karte, welche er an natürlichen oder künstlichen Merkmalen als günstiger für sich erkannt hat, vom Kartenpaket zu ziehen. Zu dem Zwecke breitet er die oberen Blätter ein wenig fächerartig auseinander, daß er gerade die Eckbilder und Merkmale der Karten erkennen kann, um mit raschem Griffe die zweite oder dritte Karte beim Abziehen zu erfassen. Nach einer anderen Methode zieht der Falschspieler unter leichtem Anheben der den Mitspielern zugekehrten Seite des Paketes die obersten Blätter mit dem Daumen etwas zurück, um sich des zweiten oder dritten Blattes zu bemächtigen. Diesem Kniffe, auch „Zocken“ genannt, verdanken die Falschspieler den Namen „Zocker“. Im Bedarfsfalle ziehen die Falschspieler auch Karten, welche sie am Boden des Paketes sich zurechtgelegt haben, von unten ab. Beim Spiele „Meine — Deine Tante“, „Bakkarat“, Siebzehn und vier“ spielt das „scharfe Abziehen“ natürlich eine bedeutende Rolle. Dagegen ist es ein Kniff von Falschspielern geringeren Grades, sich oder dem Genossen beim Kartengeben eine größere als die vorgeschriebene Anzahl Blätter, z. B. beim „Pokern“, zu geben, oder ausschlaggebende Karten aus einem vorangegangenen Spiele zurückzubehalten, um sie gegebenenfalls zu verwerten. Die Technik des Betruges, insbesondere beim Heranschaffen geeigneter Karten, beim Mischen und Abheben, beim Zusammenstellen und Anbringen einer Reihenfolge zurechtgelegter Karten verdeutlicht, daß ein Falschspieler nur in Ausnahmefällen ohne tätige Mithilfe mindestens eines Genossen am Spieltische arbeiten kann. Dabei ist der eigentliche Falschspieler nicht nur auf Handlanger- und Gehilfendienste des Genossen vor und während des Spieles, sondern auch auf die tätige Teilnahme desselben am Spiele selbst angewiesen. Erst durch die Teilnahme des oder der Genossen am Spiele selbst wird die Illusion eines ehrlichen Spieles bei dem Opfer vollendet. Der Uneingeweihte kann natürlich nicht wissen, daß der Falschspieler und seine mitspielenden Genossen im Widerspruch zur grundlegenden Voraussetzung eines jeden ehrlichen Spieles im geheimen Einverständnis miteinander auf gemeinschaftliche Rechnung spielen und der Genosse bei hohen Einsätzen nichts riskiert. Die vorherige Schilderung der markantesten Formen, in denen der Spielbetrug bei „Straßenzockern" und „Lokalzockern" geringerer und feinerer Art sich abspielt, verdeutlichte die Rolle, welche solche Genossen zur Ausübung des Betruges als „Schlepper" und „Schieber", ferner als „Lagemänner", d. h. Geldmänner der Unternehmung und schließlich als Mitspieler und Berater der Opfer zur Erleichterung der Ausplünderung derselben, gegebenenfalls auch zur Ermöglichung eines ungehinderten Rückzuges des eigentlichen Falschspielers zu übernehmen pflegen. Da die Geschädigten unter der seelischen Auswirkung der ihnen gegenüber angewendeten Betrugsmittel und mangels einer irgendwie begründeten und ausreichenden Vorstellung von der Technik des Betruges meist gar nicht in der Lage sind, aus sich selbst heraus ohne sachverständige Befragung und Beratung eine erschöpfende Darstellung des Sachverhaltes zu geben, so muß notwendigerweise jede Untersuchung eines Spielbetruges scheitern, welche nicht auf eingehende Kenntnis der Formen und der Technik des Spielbetruges gegründet ist. Aus dieser auf eine langjährige Erfahrung gestützten Überlegung habe ich vorstehend versucht, auch die Kniffe des Falschspieles in den Hauptzügen darzustellen. Über die Kniffe des Bauernfängers handelt ein besonderer Abschnitt. Unter allen Hilfsmitteln, welche dem Falschspieler zur Erreichung seines Zweckes zur Verfügung stehen, ist aber die Hilfe eingeweihter Helfer am höchsten zu bewerten. Schon der gewöhnliche Bauernfänger kann ohne tätige Mithilfe mindestens eines Genossen nicht arbeiten. Da alle Vorbereitungen zum eigentlichen Spiele, alle Handreichungen vor und während desselben und die tätige Mitwirkung durch Teilnahme am Spiele selbst von entscheidender Bedeutung für das Gelingen eines Spielbetruges sind, kann der Falschspieler solcherlei Dienste nicht jedem beliebigen überlassen. Die besondere Art des Betruges erfordert ein sicheres Zusammenarbeiten der Genossen. Ohne zwingende Gründe wird daher schwerlich ein Falschspieler seine Genossen wechseln. In der Regel bilden sich Gruppen solcher Genossen zur Ausübung des Falschspieles für längere oder kürzere Zeit. Um das Geheimnis dieses allen Spielregeln zuwiderlaufenden, betrügerischen Einverständnisses zu wahren, sucht der Falschspieler den Verkehr mit seinen Genossen außerhalb des Spielsaales sorgfältigst jedem unberufenen Auge zu entziehen und die bestehende Intimität beim Spiele selbst unter der Maske kühler Höflichkeit zu verbergen. Gelingt es, wie in dem bekannten, im Jahre 1893 vor dem Landgericht zu Hannover gegen Rosenberg und Genossen verhandelten

Spielerprozesse, dem ich als Sachverständiger beiwohnte, den Nachweis eines solchen Einverständnisses der Genossen zu führen, so ist schon Wesentliches zur Aufdeckung eines Spielbetruges erreicht. Auch schauspielerische Talente, wie sie unter Hochstaplern und Falschspielern nicht selten sind, fallen zuweilen aus der Rolle. Der ungenierte und mit dem sonstigen gemessenen und formellen Benehmen der Genossen gegeneinander beim Spiele schwerlich in Einklang zu bringende Geldaustausch, die Gleichgültigkeit, mit welcher sie selbst erhebliche Spielverluste gegen ihre Freunde ohne jeden Versuch des Zurückgewinnens ertragen, schließlich die Tatsache, daß sie kaum jemals ohne Beteiligung anderer gegeneinander spielen, kann eine deutliche Spur eines solchen Einvernehmens werden. Gelingt es weiterhin festzustellen, daß die Genossen, mag auch sonst der Schauplatz und die Opfer wechseln, sich immer wieder zu demselben Spielzwecke mit demselben Erfolge zusammenfinden, so haben die ursprünglichen Verdachtsgründe bereits erheblich an Beweiskraft gewonnen. Von ausschlaggebender Bedeutung ist es natürlich, wenn der Nachweis einer Teilung der Beute unter die Beteiligten glückt.

Natürlich wird den Falschspielern ihr Handwerk wesentlich erleichtert, wenn allzugroße Vertrauensseligkeit oder Unachtsamkeit der Spielgegner ihnen auch noch die Umgehung und Durchbrechung der für das betreffende Spiel geltenden besonderen Regeln ermöglicht. In der Mehrzahl der Fälle wird sich eine solche Verletzung von Spielnormen, die ihrem Wesen nach einen

Betrug verhindern sollen, auch überall dort tatsächlich feststellen lassen, wo es sich um Erörterungen eines Falschspieles handelt. Von einem Zufallsspiele kann natürlich nicht die Rede sein, wenn Falschspieler, wie der vorerwähnte hannoversche Spielerprozeß zeigte, beim Makao — einer Abart des Bakkarat — noch nach Empfang der zweiten Karte, sobald sie aus den Merkmalen der Karten sahen, daß sie kleinen oder großen Schlag hatten, nach Belieben gegen die Spielregel noch Einsätze machen konnten. Wenn beim Spiele „Meine — — Deine Tante“ der Bankhalter zuläßt, daß die Pointeure mitten in einem Abzuge Einsätze machen, so läuft er Gefahr, daß Spieler, welche die Karte oben auf dem Pakete erkennen, vor dem Abzuge der Gewinnkarte für die Spieler, auf diese Karte Einsätze machen. Duldet der Bankhalter beim Spiele „Kartenlotterie“ nach dem Abziehen der Gewinnkarten, daß Spieler auf beliebige vorher nicht gekaufte Karten Einsätze machen, so muß er damit rechnen, daß Gewerbsspieler unter Ausnutzung ihrer Kenntnisse von den Merkmalen der benutzten Karten auf Gewinnkarten setzen. Das sind nur einzelne Beispiele aus dem reichen Repertoire der „Zocker“, welche die Gefahr in der lässigen Handhabung der für ein bestimmtes Spiel geltenden besonderen Regeln verdeutlichen. Die Kenntnis dieser Regeln ist unbedingte Voraussetzung der Aufklärung eines Spielbetruges. Man wird in solchen Fällen gut tun, sich der Hilfe eines Spielsachverständigen zu bedienen, der den am Ausgange der Sache Interessierten nicht angehört. Die gebräuchlichsten Glücksspiele unter Berücksichtigung der Rechtsprechung sind von mir bearbeitet und 1923 im Verlage Kameradschaft, Verlagsgesellschaft m. b. H., Berlin W 35, Flottwellstraße 3, herausgegeben. In Laienkreisen wird im allgemeinen in Unkenntnis der eigentlichen Hilfsmittel des Falschspielers viel von allerlei komplizierten Falschspielapparaten, z. B. auch von einem Ringe mit einem an der Außenseite angebrachten halbscharfen Stifte zur Kennzeichnung von Karten gefabelt. Mir ist auch nicht ein einziger Fall bekannt geworden, wo die Anwendung solcher Apparate glaubhaft nachgewiesen worden wäre. Man ist auch geneigt, die Bedeutung zu überschätzen, welche das Verraten der Karten des Gegners durch Zeichengebung für die Gauner hat. Eine solche immerhin Zeit und längere Übung erfordernde Manipulation beschränkt die Anwendung derselben fast nur auf die harmloseren Unterhaltungsspiele. In der Praxis ist es auch schwer, den Beweis für eine betrügerische Verständigung durch Zeichengebung zu führen. Dieselbe würde Kenntnis der Zeichen und eine längere ungestörte Beobachtung voraussetzen. Tatsächlich werden solche Kniffe von Gewerbsspielern bei Glücksspielen kaum angewendet. Die Natur dieser Spiele, bei welchen der Ausgang vornehmlich durch die beim Kartengeben erhaltenen resp. durch die für die betreffenden Spieler gezogenen Karten bestimmt wird, weist die Falschspieler vielmehr darauf hin, zu hindern, daß der Gegner gute Karten erhält, als darauf, herauszufinden, welche Blätter derselbe erhalten hat. Betrogen werden kann bei allen Spielen, wenn auch von Gewerbsspielern Glücksspiele, weil schneller zum Ziele führend, in der Regel bevorzugt werden. Das in mittleren und geringeren Kreisen sehr beliebte Spiel „Meine — Deine Tante" läßt jeder Art des Betruges einen weiten Spielraum. Die diesem Spiele eigentümliche zur Herbeiführung einer Entscheidung längere Zeitdauer sucht der Falschspieler durch gemeinschaftliches Spiel mehrerer Genossen gegen das unerfahrene Opfer, dem er, wenn möglich, die Bank überläßt, und durch erhöhte Einsätze abzukürzen. Die besonders in besseren Kreisen heimischen Spiele: Bakkarat, Siebzehn und vier, Quinze, Poker usw. bieten durch die häufige Wiederkehr entscheidender Augenblicke, bei denen alles von einer oder einer Folge gegebener Karten abhängt, mannigfaltigere und lohnendere Gelegenheit zum Betruge. In Kreisen der die mittleren Kreise heimsuchenden Zocker erfreut sich das Mauschelspiel einer besonderen Beliebtheit.

Ein sehr beliebter Kniff, und zwar nicht nur der Zocker ist es, im Gewinn- oder Verlustfalle unter dem Vorwande des Nachzählens des Einsatzes durch geschicktes Unterschieben, Wegnehmen oder Verschieben von Geldscheinen oder der diese vertretenden Jetons die ursprünglich gemachten Einsätze zu vergrößern oder zu verkleinern.

Würfelspiele werden noch vielfach zum Teil auch in besseren Kreisen gespielt. Von Falschspielern werden zur Ausplünderung unerfahrener Spieler auf einer Seite durch Bleifüllungen beschwerte und auch solche Würfel verwendet, auf welchen bestimmte Augenzahlen häufiger angebracht sind, und dafür andere gänzlich ausfallen. Bleifüllungen werden bei den jetzt nur noch gebräuchlichen Steinnußwürfeln dadurch hergestellt, daß der Würfel z. B. von den beiden benachbarten Feldern der Fünf und Sechs gleichlaufend zu den Seitenflächen angebohrt und die Ausbohrungen mit Blei ausgefüllt werden. Damit die Anbohrungen als solche äußerlich nicht kenntlich sind, werden die Höhlungen der Würfel-

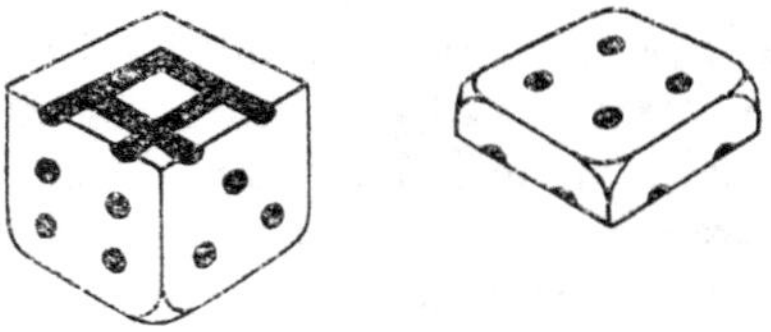

Abb. 4.

augen zum Anbohren benutzt und nach geschehener Füllung die in den Würfelaugen endenden Bleifüllungen mit schwarzer Farbe verdeckt. Die Abbildung 4 verdeutlicht eine solche Anbohrung eines Würfels; die obere Fläche des angebohrten Würfels ist abgeschnitten, damit der Verlauf der Bohrungen zu erkennen ist. Der Erfolg solcher Bleifüllungen ist, daß der Würfel Neigung zeigt, beim Fallen auf der beschwerten Seitenfläche — im vorliegenden Falle die Fläche mit vier Augen — zur Ruhe zu kommen. Nach dem Würfeln wird also die Fläche mit der Zahl nach oben zu liegen kommen, welche der beschwerten Fläche gegenüberliegt.

Für den Falschspieler, der dem beim Spiele „Goldene Sechs" die Bank haltenden Gegner gefälschte Würfel unterschiebt, gibt es keinen Zufall mehr. Er weiß, welche Zahlen vornehmlich fallen werden, und kann sein Spiel darnach einrichten. Gefälschte Würfel werden meist erst im weiteren Verlaufe eines Spieles mit den ursprünglich benutzten echten Würfeln vom Falschspieler oder seinem Genossen in einem geeigneten Augenblick vertauscht. Geeignete Momente sind solche, wo z. B. die Aufmerksamkeit des Opfers durch Umwechseln eines größeren Geldscheines in Anspruch genommen ist. Erforderlichenfalls wirft der Falschspieler oder sein Genosse — natürlich aus Versehen — die Würfel unter den Tisch. Beim Aufheben erfolgt dann der Umtausch. Würfel werden auch von Gaunern feinerer Art zur Ausplünderung wohlhabender Vergnügungsreisender benutzt. Man bevorzugt dann meist Würfelspiele, die den nach der heutigen Mode gespielten Glücksspielen, z. B. Roulette oder Pokern, nachgebildet auf den Würfelflächen die Farben Schwarz, Rot und die Null oder Figuren der Pokerkarten aufweisen. Es erübrigt zu sagen, daß natürlich auch hier falsche Würfel angewendet und dem Opfer, wenn es erst warm geworden ist, die Bank zugeschoben wird. Das Resultat ist selbstverständlich, daß der „Freier" radikal „abgegossen" wird. Von Zockern, die öffentliche Vergnügungsplätze — Jahrmärkte, Schützenfeste usw. — aufsuchen, wird vielfach ein Würfelspiel mit einem Spielplan und acht Würfeln zur Ausplünderung Unerfahrener benutzt. Das Würfelspiel sieht sehr ehrlich aus, ist aber nichts anderes als ein Spielbetrug. Bei oberflächlichem Ansehen des Spielplanes muß es den Anschein gewinnen, als ob der Würfelnde in der Mehrzahl der Fälle einen Gewinn erzielen müßte. Um die Täuschung als solche nicht ersichtlich zu machen, sind die Zahlen auf dem Spielplane nicht in ihrer natürlichen Reihenfolge aufgeführt, sondern so geschickt zusammengestellt, daß man das System nicht erkennen kann, nach welchem Gewinn und Verlust verteilt ist. Als Gewinnnummern sind auf dem Plane nämlich nur die Zahlen aufgeführt, die beim Werfen mit acht Würfeln aller Wahrscheinlichkeit nach im Durchschnitte nicht geworfen werden, nämlich die Zahlen 8 bis 21 und 35 bis 48. Dagegen figurieren als Verlustnummern die Zahlen, die im Durchschnitte am meisten geworfen werden müssen, nämlich die Zahlen 22 bis 34.

Die Form, in welcher sich der Spielbetrug beim Würfeln abspielt, ist keine andere als die vorher bei „Straßenzockern" und „Lokalzockern" geschilderte. Auch hier sind „Schlepper" und „Schieber" und Genossen als Mitspieler tätig, die bei Teilung der Beute „reell mit mang" sind.

Sichere Schutzmittel gegen ein Falschspiel gibt es nicht. Das von erfahrenen Spielern dem Neulinge empfohlene Nachmischen oder Nachschneiden kann von Zockern gefälscht und durch nachträglich aufgepackte „Ladungen" mit einer Reihenfolge zurecht gelegter Karten illusorisch gemacht werden. Die Naturmarken der Karten, das „scharfe Ziehen" und das für den Laien nicht erkennbare Zusammenspiel der Genossen sichert dem Gewerbsspieler weitere Vorteile. Wer das Spiel nicht lassen kann, mache es sich zur Regel, niemals mit Leuten zu spielen, die er nicht genau kennt, vor allem nicht mit solchen, deren Bekanntschaft er dem Zufall auf Reisen, in Badeorten, auf Rennplätzen, in Cafés, Bars, Weinstuben oder sonstigen Treffpunkten der Lebewelt verdankt. Die Gefahr, von Berufsspielern ausgeplündert zu werden, ist auch durch Gründung sogenannter Spielklubs, in denen schon Gewerbsspieler unerwünschte Gastrollen gegeben haben, nicht geringer geworden. Das polizeiliche Einschreiten gegen Inhaber öffentlicher Lokale wegen Etablierung von Spielhöllen hat u. a. die Folge gehabt, daß einzelne Individuen des Erwerbes wegen Privaträume, Utensilien usw. zu dem Zwecke zur Verfügung stellten. Auch diese Leute und ihr Anhang an „Zockern" arbeiten natürlich mit Schleppern auf der Straße und mit „Spanne", d. h. mit bezahlten Aufpassern zum Schutze gegen Überraschungen durch die Polizei. Ein häufiger Wechsel der Räume findet zu demselben Zwecke statt.

Mehr als alle sonstigen Künste schützt die Glücksritter die Scham der Opfer und die Scheu vor einer öffentlichen Bloßstellung durch eine Verhandlung vor Gericht. Man will außer dem Verlust an Geld nicht noch Spott und eine viel empfindlichere Einbuße an Ruf und Kredit davontragen. So werden unter dem frischen Eindrucke des Erlebnisses vor der Polizei gemachte Aussagen nur zu gern später abgeschwächt oder sogar widerrufen. Es kommt auch vor, daß Zeugen längere Reisen in das Ausland antreten, nur um einer gerichtlichen Vernehmung zu entgehen. Ein Irrtum, der nicht nur von gewöhnlichen Bauernfängern, sondern auch von Gaunern feinerer Art in den Opfern mit Erfolg erregt wird, ist der, daß die Teilnahme des Geschädigten an den von den „Zockern" als Glücksspiele bezeichneten Spielen strafbar wäre. Der Zweck dabei ist natürlich, den Geschädigten von einer Strafanzeige abzuschrecken. Strafbar ist aber nach dem Reichsgesetz vom 23. Dez. 1919 (§§ 284a, 284) nur die Beteiligung an einem öffentlich oder in einem Vereine oder einer geschlossenen Gesellschaft veranstalteten Glücksspiele. Bei einem von Falschspielern und Genossen im planmäßigen Zusammenwirken gegen einen Unerfahrenen verübten Spielbetruge handelt es sich aber überhaupt nicht um ein Spiel, bei welchem der Zufall entscheidet und das Opfer irgendeine durch die Spielregeln gesicherte Aussicht auf Gewinn hätte. Vielmehr zielen alle Anstrengungen der Falschspieler darauf hin, einen solchen Ausgang zu vereiteln. Tatsächlich ist durch die Umgehung und Durchbrechung der Spielregeln und das planmäßige betrügerische Zusammenwirken der Falschspieler und Genossen der Zufall ausgeschaltet. Alle anfänglichen oder Teilgewinne des Opfers sowie die Gewinne und Verluste der Genossen sind keine zufälligen Spielergebnisse, sondern Mittel des Betruges, um die Illusion des ehrlichen Spieles in dem Opfer zu verstärken. Außerhalb der strafrechtlichen Verfolgung kann der Geschädigte nach §§ 826,

830 Bürgerlichen Gesetzbuches gegen die Schädiger seines Vermögens Schadenersatz geltend machen. Selbstverständlich wehren sich nicht nur Bauernfänger mit allen ihnen zu Gebote stehenden Mitteln dagegen, als Betrüger entlarvt und verurteilt zu werden. Sie wissen sehr wohl, daß nach mehrmaliger Vorbestrafung wegen Betruges ihnen das Zuchthaus und damit ein vorzeitiger und längerer Abschluß ihrer Kunstreisen droht. Es ist zu verstehen, daß sie bemüht sind, den Glauben zu erwecken, daß bei dem in Betracht kommenden Spiele der Zufall den Ausgang bestimme, und etwaige angewandte Kunstgriffe ohne Einfluß auf den Charakter des Spieles wären. Mangels entgegenstehender Feststellungen und eines geeigneten Sachverständigen haben solche Bemühungen auch vielfach Erfolg gehabt. So erklären sich Gerichtsentscheidungen, die z. B. das Bauernfängerkunststück Kümmelblättchen für ein Glücksspiel erklären und zur Begründung anführen, das Spiel verlöre seinen Charakter nicht dadurch, daß ein Mitspieler besondere, den Mitspielern nicht bekannte Kunstgriffe anwende. Der 3. Strafsenat des Reichsgerichts ist in Entscheidungen vom 24. 2. und 21. 12. 1908 in den Strafsachen gegen Dehn zu $\frac{\text{3. D. 80. 08}}{\text{X. 525}}$ und Zimmt zu $\frac{\text{3. D. 662. 08}}{\text{X. 3396}}$ auf die von seiten der Verteidiger gegen Urteile der Strafkammern zu Hamburg und Greifswald eingelegten Revisionen zu gegenteiligen Entscheidungen gekommen. Er hat auf Grund der tatsächlichen Fest-

stellungen als erwiesen angesehen, daß die Angeklagten den Geschädigten nur vorgespiegelt hätten, es handele sich beim Kümmelblättchen um ein Glücksspiel, bei dem sie Gewinnaussichten hätten, während in Wirklichkeit eine solche Gewinnaussicht nicht bestand, da die Angeklagten vermöge ihrer Geschicklichkeit in der Lage waren, einen für die Geschädigten günstigen Ausgang des Spieles zu verhindern und einen solchen auch verhindern wollten (siehe auch Sammlung der Reichsgerichtsentscheidungen Band 21, Seite 107). Interessant ist, daß auch die französische Rechtsprechung (Goltdammers Archiv für Strafrecht 1906, Seite 149) in der Entscheidung des Cour d'Appel de Lyon vom 15. Nov. 1905 (Dalloz 1906. V. 12) das Kümmelblättchen für einen Betrug — escroquerie, Code pénal Art. 405 — ansieht, weil der Haupttäter das Spiel durch einen betrügerischen Kniff (tour d'escamotage) entscheidet, und im übrigen seine und der Genossen Tätigkeit darin besteht, durch betrügerische Manipulationen die Hoffnung auf einen nicht zu verwirklichenden Erfolg zu erwecken (les agissements de l'inculpé et l'intervention des complices constituent, en effet, des manoeuvres frauduleuses destinées à faire naître l'espérance d'un succès ou d'un événement chimérique). Das ist mit kurzen Worten auch der Zweck eines jeden von Falschspielern mit Hilfe von Genossen verübten systematischen Spielbetruges. Dabei macht es keinen Unterschied, ob es sich um ein Spiel gewöhnlicher Bauernfänger oder Gauner feinerer Art handelt.

Nur wer Gelegenheit hatte, Jahrzehnte hindurch das Treiben von Hochstaplern und Gaunern dieser Art zu beobachten, kann sich einen Begriff davon machen, in welcher Art und Weise diese Kreise und ihr Anhang Solidarität üben gegenüber Angriffen der Polizei und Justiz. Ein Beispiel für viele! — In der Voruntersuchung betreffend den hannoverschen Spielerprozeß erließ der Untersuchungsrichter in Hannover einen Haftbefehl gegen den „ollen ehrlichen Seemann". Der Gesuchte war zufällig auf Reisen von Berlin abwesend. Ehe die Ausfertigung des Haftbefehls in Händen der Berliner Polizei war, hatten die interessierten Kreise in Berlin von dem Haftbefehl Kenntnis. Beim Eintreffen in Berlin wurde Seemann von guten Freunden noch auf dem Bahnhofe gewarnt, mit Reisegeld versehen und zu einer sofortigen Abreise nach London bestimmt. Selbstverständlich scheut man von seiten der Zocker und ihres Anhanges vor keinem Mittel zurück, um das Wasser zu trüben. Verdächtigungen der Zeugen sind ein sehr beliebtes Mittel zu dem Zwecke und natürlich nicht geeignet, die Scheu vor einem rückhaltlosen Bekenntnis zur Wahrheit zu verringern. Ich bin selbst einmal wochenlang im Auftrage von Falschspielern von einem Privatdetektiv beobachtet worden. Geht die Sache aber einmal dennoch schief und droht einem oder mehreren Beteiligten eine strafrechtliche Verfolgung, so erstehen den Falschspielern nicht nur aus ihrem Anhange, sondern auch aus Reihen von Leuten, deren Interessen dem der Genossen gleichlaufen, willige Eideshelfer. Es ist daher völlig ausgeschlossen, einen Spielbetrug aufzuklären, wenn nicht die Zusammengehörigkeit der einzelnen Genossen und die Rolle, welche scheinbar an dem Spiele und dem Ausgange desselben unbeteiligte Personen bei Einleitung, im Verlaufe und nach Beendigung des Spielbetruges in planmäßigem gewollten Zusammenwirken mit den Falschspielern gespielt haben, festgestellt werden kann. Man darf bei Wertung solcher Vorfälle niemals außer acht lassen, daß der Betrug erst durch die systematische, vorher verabredete Mitwirkung eines oder mehrerer Genossen zustande kommt. Dies zu verdeutlichen war meine Absicht, als ich die markantesten Typen aus den Helfern der Falschspieler und die charakteristischen Formen des Spielbetruges zu schildern unternahm. Es liegt in der Natur dieser eigenartigen Materie begründet, daß das Vorleben aller nicht ganz unverdächtigen Beteiligten und ihre Beziehungen zu den in erster Linie Belasteten mit derselben Sorgfalt aufzuklären und in Rechnung zu stellen sind, wie die Vergangenheit und die persönlichen Verhältnisse der Falschspieler selbst. Nur so kann es gelingen, den Kreis derjenigen Personen zu ermitteln, die am Ausgange der Sache selbst interessiert hinsichtlich der den Gegenstand der Untersuchung bildenden Tat als Teilnehmer, Begünstiger oder Hehler verdächtig sind und daher unter allen Umständen unbeeidigt bleiben müssen (§ 56 zu 3 Strafprozeßordnung), wenn der Zweck der Feststellung nicht von vornherein vereitelt werden soll.

Da Falschspieler meist unter angenommenen Namen

auftreten, bei drohenden Anzeigen in den Kreisen ihrer Genossen und Helfer stets Unterschlupf finden und schließlich im Umherziehen von Ort zu Ort ihr Gewerbe ausüben, so bietet die Feststellung ihrer Person und ihrer Verhältnisse vielfach Schwierigkeiten. Diese Schwierigkeiten wachsen natürlich, wenn es sich um internationale Glücksritter handelt, welche von den Sammelpunkten dieser Gauner in London oder der Schweiz aus unter der Maske vornehmer Vergnügungsreisender den Kontinent bereisen. Mit Aussicht auf Erfolg kann diesem Gaunertum nur entgegengetreten werden, wenn die Polizei von allen ihr zu Gebote stehenden, auch technischen Hilfsmitteln Gebrauch macht. Mit einem Einschreiten in einem gegebenen Einzelfalle ist natürlich nicht viel zu erreichen. Einer Falschspielerbande kann man nur das Handwerk legen, wenn der Beweis des gewerbsmäßigen Zusammenarbeitens der Genossen nach einheitlichem Plane in einer Mehrzahl von Fällen gelingt. Zu diesem Ziele muß alles verfügbare zugängliche Nachrichtenmaterial dauernd gesammelt und geprüft werden, um genügend gerüstet eingehenden Anzeigen entgegensehen zu können. Eine Polizei, welche in dieser Beziehung auf der Höhe ist und das Vertrauen der beteiligten Kreise genießt, kann gewiß sein, daß sie in ihren Nachforschungen auch von anderer Seite aus wirksam unterstützt wird. Ohne eine solche Unterstützung hätte ich in der Bekämpfung internationaler Falschspieler kaum Erfolge gehabt.

In der z. B. gegen den angeblichen Etienne de

Buies bei der Staatsanwaltschaft des Landgerichts I zu 30. J. 1202. 10 anhängig gewesenen Strafsache handelte es sich um einen unter falschem Namen umherreisenden Falschspieler, der auf Grund meiner Feststellungen in Brüssel festgenommen werden konnte. Der Gauner hatte in der Mehrzahl der Fälle außerhalb Berlins, z. T. im Auslande, mit seinen Helfern Deutsche gewerbsmäßig und systematisch durch betrügerisches Spiel nach Art internationaler Bauernfänger geschädigt. Nur durch Aufdecken dieses systematischen Zusammenarbeitens mit seinen Genossen konnte er überführt werden.

II. Bauernfänger-Kunststücke.

1. Kümmelblättchen.

Das Opfer, von den Bauernfängern „Freier" genannt, wird auf der Straße von einem der Genossen, dem „Schlepper", als Landsmann unter irgendeinem Vorwande angesprochen und zum Besuche eines Lokales aufgefordert. Mit großem, durch die vielseitigen Erfahrungen geübtem Geschick wissen die Schlepper die harmlosesten und vertrauensseligsten unter den zugereisten Landleuten aus dem Straßenpublikum herauszufinden und ihr Vertrauen zu gewinnen. Meist erst im Lokale gesellt sich dann der zweite Genosse hinzu, der sich als wohlhabender Geschäftsmann, mit Vorliebe als reicher Pferdehändler vorstellt und schließlich nur zur Unterhaltung ein Spiel vorschlägt, das er angeblich erst vor kurzem selbst kennengelernt haben will. Eine volle Geldtasche, die er vor sich auf den Tisch legt, die aber tatsächlich keine echten Kassenscheine, sondern nur sogenannte „Blüten“, d. h. nachgemachte Scheine, enthält, was der Freier natürlich nicht wissen kann, muß den Eindruck der Wohlhabenheit und Ehrlichkeit des Bauernfängers bei dem Freier erwecken. Dem Freier werden drei Karten, der sogenannte „Besen“ des Bauernfängers, gezeigt. Unter diesen befindet sich meist ein Bild neben zwei anderen Karten. Diese drei Blätter nimmt der Bauernfänger so auf, daß er mit Daumen, Mittel- und Zeigefinger der linken Hand eine und mit den gleichen Fingern der rechten Hand zwei Karten, und zwar übereinander, alle mit der Rückseite nach oben faßt. Das Bild, d. h. die Gewinnkarte, wie er dem Freier erklärt, hält er zu unterst in der rechten Hand und zeigt dem Freier genau, wo er die Karte untergebracht hat. Nun wirft der Bauernfänger offen vor den Augen des Freiers erst das Bild, dann die einzelne Karte aus der linken und zum Schlusse die noch in der rechten Hand verbliebene Karte mit der Rückseite nach oben und unter schwunghaften Bewegungen nebeneinander auf den Tisch. Hierauf fordert der Bauernfänger auf, genau aufzupassen, wo die Gewinnkarte verbleibt und vertauscht, indem er die Karten einzeln aufhebt, die Plätze der Karten auf dem Tische. Dieses Gebaren hat nur den Zweck, in dem Freier den Irrtum zu erregen, daß es, um zu gewinnen, nur darauf ankäme, der zuerst geworfenen Karte aufmerksam und genau zu folgen. Der Genosse des Bauernfängers wettet nun, um dem Freier Mut und Lust zu dem Spiele zu machen, einen Geldbetrag darauf, daß er unter allen Umständen, wenn der andere die Karten geworfen und die Plätze der Karten auf dem Tische vertauscht hätte, die Gewinnkarte herausfinden würde. Um die Täuschung, daß ein harmloser Zuschauer bei nur einiger Aufmerksamkeit unbedingt die Gewinnkarte finden müsse, zu einer vollkommenen zu machen, läßt der Bauernfänger seinen Genossen oder auch den Freier ein oder mehrere Male die Bildkarte richtig finden und gewinnen. Ist der Freier auf diese Weise ganz sicher gemacht und setzt auf Zureden des Genossen höhere Geldbeträge, so wirft der Bauernfänger nicht mehr, wie er im Anfange zeigte und vorspiegelte, die Bildkarte zuerst und dann die anderen Karten, sondern zuerst die oberste Karte aus der rechten, dann die Karte aus der linken, und erst zum Schlusse die Bildkarte aus der rechten Hand. Der Freier, der von diesem, durch die schwunghaften Bewegungen der Hände beim Werfen der Karten verdeckten Kniffe des Bauernfängers weder etwas ahnen noch sehen kann, folgt in dem Irrtume, es würde wieder zuerst die Bildkarte geworfen, der zuerst geworfenen Karte aufmerksam mit den Augen und muß nun verlieren und eine falsche Karte raten. Wie bei allen Bauernfängerspielen kommt es den Genossen überhaupt gar nicht auf ein ehrliches Spiel mit gleichen Gewinnaussichten für alle Beteiligten, sondern nur auf einen Betrug an. Zu dem Zwecke sind die Rollen der Genossen und die Art und Weise des

Zusammenwirkens vorher genau verabredet. „Schlepper" sind die Genossen, die noch nicht ausreichende Übung und Fertigkeit im Kartenwerfen haben; ihre Aufgabe ist es, „Freier" aufzuspüren und dem eigentlichen Bauernfänger ins Garn zu locken. Bei dem Spiele selbst machen sie durch Geldeinsätze, gegebenenfalls auch durch hohe Einsätze unter Zuhilfenahme von sogenannten „Blüten", d. h. falschen Kassenscheinen, dem Freier Lust, sich am Spiele zu beteiligen, und fordern ihn gegebenenfalls durch Hinweis auf den hohen Gewinn dazu auf. Ist das Opfer ausgeplündert, so decken die Schlepper dem eigentlichen Bauernfänger den Rückzug und helfen ihm, ungehindert zu entkommen.

Es liegt im Interesse des Gelingens des geplanten Betruges und späterhin auch einer Verteidigung gegen den Vorwurf der Bauernfängerei, daß die miteinander genau bekannten Genossen sich so stellen, als ob sie einander völlig fremd und in dem betreffenden Lokale zufällig zusammengetroffen wären. Die Verwendung sogenannter Blüten für Spieleinsätze an Stelle echter Kassenscheine ist ein charakteristisches Merkmal des Bauernfängertums. In dem „Freier" soll der Irrtum erregt werden, daß er es mit wohlhabenden Leuten zu tun hätte, die ihm auch hohe Geldgewinne anstandslos auszahlen könnten. Tatsächlich ist dies keineswegs der Fall. Die Bauernfänger besitzen nicht im entferntesten soviel Geld, wie sie dem Freier durch Betrug abzunehmen beabsichtigen. Sie können deshalb gar nicht ehrlich spielen und es auf ein Spiel überhaupt nicht ankommen lassen, bei dem lediglich der Zufall über Gewinn und Verlust entscheidet. Wenn der Bauernfänger, so wie er es anfänglich dem Freier vormacht, das Spiel auch weiterhin spielen würde, so müßte überdies der Freier, wenn er nur einigermaßen aufmerkt, das Spiel fast ausnahmslos gewinnen. Von einem Zufallsspiele könnte dann auch nicht die Rede sein.

Bei dieser Sachlage kann nicht der mindeste Zweifel darüber bestehen, daß das Spiel kein Glücksspiel ist, bei dem das Opfer eine durch den Verlauf des Spieles irgendwie gesicherte Gewinnaussicht hätte, sondern lediglich ein von mehreren Genossen in gewolltem gemeinschaftlichem Zusammenwirken ausgeführter Betrug ist. Dieser Ansicht war auch der durch sein Handbuch für Untersuchungsrichter in weiten Kreisen bekannte Professor und Lehrer des Strafrechts an der Universität zu Graz Hanns Groß. Im übrigen verweise ich auf die Seite 67 mitgeteilten Reichsgerichtsentscheidungen dasselbe Spiel betreffend. Von der Technik des Einzelbetruges abgesehen ist die Art und Weise, wie der Bauernfänger und seine Genossen sonst bei einem Spielbetruge mit verteilten Rollen nach einem vorher verabredeten Plane vorgehen, genau dieselbe wie bei dem Kümmelblättchen.

2. „Schwarzer Peter."

Es wird aus dem zum Spielen verwendeten Spiele Karten eine beliebige Karte von einem der Mitspieler herausgezogen (z. B. Kreuzdame) und sämtlichen Mitspielern als „Schwarzer Peter“ gezeigt; alsdann wird diese Karte, nachdem sie sich alle Mitspieler angesehen haben, wieder verdeckt in das Spiel Karten hineingesteckt, sämtliche Karten werden gemischt und nach dem Mischen auf dem Tische ausgebreitet. Daraufhin ziehen sämtliche Mitspieler der Reihe nach je eine Karte. Derjenige, der nun die vor dem Mischen gezogene und sämtlichen Mitspielern gezeigte Karte zuerst aus den auf dem Tische ausgebreiteten Karten herauszieht, zahlt z. B. 1000 Mark Einsatz. Bei jedem weiteren Spiele erhöht sich der Einsatz immer um das Doppelte, z. B. 2000, 4000, 6000 Mark usw. bis zu einer bestimmten vorher ausgemachten Grenze.

Ist ein genügender Einsatz vorhanden, so wird derselbe, wie folgt, abgespielt:

Es wird zunächst wieder eine Karte gezogen, den Anwesenden gezeigt und darauf unter die übrigen Karten gemischt. Wer dieselbe unter den verdeckt liegenden Karten herausfindet, erhält die Hälfte des Gesamteinsatzes.

Darauf wird wieder eine Karte gezogen und nach Vorzeigung unter die übrigen gemischt. Wer dieselbe findet, erhält die Hälfte des nun noch vorhandenen Einsatzes, bis zuletzt der ursprüngliche Einsatz von dem letzten Gewinner abgehoben wird.

Der Bauernfänger und seine Genossen erkennen die als „Schwarzer Peter“ bezeichnete Karten an besonderen Merkmalen von der Rückseite aus und können dieselbe daher nach Belieben aus den verdeckt auf dem Tische ausgebreiteten Karten ziehen oder nicht ziehen. Von einem Zufalle kann für sie keine Rede sein. Das Opfer, welches hierüber in einen Irrtum versetzt ist, kommt allein in die Lage, weil er die Karte nicht herausfindet, zahlen zu müssen.

3. Eine von Bauernfängern lediglich zum Zwecke des Betruges erfundene Abart des Spieles „Schwarzer Peter".

Der Bauernfänger läßt den uneingeweihten Spieler aus einem Pakete Karten eine beliebige Karte herausziehen und sich merken. Die offen herausgezogene und vom Bauernfänger gesehene Karte steckt der letztere oder der uneingeweihte Spieler wieder in das Kartenspiel hinein. Dann mischt der Bauernfänger die Karten, teilt das Paket in so viel Haufen, als Spieler vorhanden sind, und schiebt einem jeden der Mitspieler und sich selbst je einen Haufen zu. Da der Bauernfänger die Karten selbst mischt, ist es für ihn ein leichtes, die gemerkte Karte nach Belieben in einem der abzuteilenden Haufen und, wenn er will, so unterzubringen, daß der uneingeweihte Spieler sie mit dem ihm zugeteilten Haufen erhält. Verloren hat aber bei dem Spiele, wer die gemerkte Karte unter dem ihm zugeteilten Kartenhaufen erhält. Bei dem Spieler entscheidet lediglich die Fingerfertigkeit des Bauernfängers den Ausgang des Spieles, während der uneingeweihte Mitspieler hierüber in einen Irrtum versetzt wird.

4. Riekchen — Fiekchen.

Wie bei allen Bauernfängerspielen hängt auch bei dem nachstehend beschriebenen der Ausgang des Spieles nicht vom Zufalle, sondern von der Fingerfertigkeit des Bauernfängers ab. Der Bauernfänger schlägt dem Unerfahrenen, dessen Bekanntschaft er auf der Straße oder in einem Lokale gemacht hat, eine Wette vor, daß zwei beliebig unter ein Spiel Karten gemischte Blätter — meist zwei Bilder — hintereinander zu liegen kommen würden, wenn die Karten nach dem Mischen einzeln von unten vom Pakete abgezogen würden. Wenn die vorher gewählten zwei Blätter beliebig in das Spiel gemischt werden, so ist die Wahrscheinlichkeit, daß die Karten bei Abziehen hintereinander vom Pakete abgezogen werden, natürlich eine außerordentlich geringe. Im Vertrauen auf diese allgemein bekannte Tatsache läßt sich ein Unerfahrener leicht verleiten, eine höhere Summe dagegen zu setzen, daß die zwei Karten beim Abziehen zusammen liegen werden. Daß der Bauernfänger ein Kartenkunststück macht, und der Ausgang der Wette nicht vom Zufalle, sondern von seiner Fingerfertigkeit abhängt, verschweigt er dem Unerfahrenen. Sonst würde sich natürlich niemand auf eine Wette einlassen, bei welcher er keine Aussicht zu gewinnen hat.

Sind zwei Blätter aus dem Spiele ausgewählt, so macht der Bauernfänger aus dem übriggebliebenen Kartenpakete zwei Haufen. Die eine der ausgesuchten Karten placiert er als unterste Karte des ersten Haufens, die andere steckt er an einer beliebigen Stelle in den zweiten Haufen hinein. Hierauf wird der zweite Haufen auf den ersten gelegt und die Karten so durcheinander gemischt, daß die unterste Karte des ersten Haufens auch nach dem Mischen die unterste des ganzen Kartenpaketes bleibt. Wenn die Karten nun von unten nacheinander abgezogen werden, wäre es unmöglich, daß die vorher ausgewählten Karten hintereinander vom Pakete gezogen werden. Um dies zu erreichen, bedient sich der Bauernfänger eines viel geübten Kniffes, nämlich des „Scharfziehens". Der Bauernfänger zieht die unterste Karte etwas zurück und zieht an Stelle derselben die zweite, dritte und die folgenden Karten solange vom Pakete ab und deckt die abgezogenen Karten auf, bis er die eine der gesuchten Karten abzieht und aufdeckt. Nun kann der Bauernfänger den Rest der Karten dem Uneingeweihten in die Hand geben, um weitere Karten von unten abzuziehen. Die nächste von unten abzuziehende und aufzudeckende Karte muß die vom Bauernfänger bisher mittels des vorher geschilderten Kniffes zurückgehaltene und gesuchte zweite Karte, d. h. das andere Bild sein. Bei dem Spiele entscheidet natürlich nicht der Zufall, sondern die Fingerfertigkeit des Bauernfängers den Ausgang des Spieles.

5. Eine Wette, daß sieben aus einem Spiele ausgesonderte Karten nach Hineinmischen unter die anderen Karten in einem von mehreren neu abgeteilten Haufen zu liegen kommen.

Von einem Kartenspiele sind sieben Karten, nämlich die vier Buben, zwei Könige und ein Aß ausgesondert worden. Diese sieben Karten werden auf sieben zu dem Zwecke abgeteilte Haufen so verteilt, daß je eine der ausgesonderten Karten auf einen der Haufen zu liegen kommt und jeder der Haufen die gleiche Anzahl Blätter enthält. Die übrigen Karten werden nicht verwendet. Die einzelnen Haufen werden nun aufeinander gelegt und scheinbar gemischt. Tatsächlich mischt der Bauernfänger die Karten aber nicht, sondern „löffelt" nur sämtliche Karten. Unter scheinbaren Mischbewegungen zieht nämlich der Bauernfänger eine Karte nach der anderen oben vom Pakete herunter. Der Erfolg dieser Manipulation ist, daß nun sämtliche Karten genau in umgekehrter Reihenfolge liegen. Die erste Karte ist die letzte, die zweite die vorletzte usw. geworden. Hat der Bauernfänger nun vorher auf jeden Haufen — die ausgesonderten Karten nicht gerechnet — eine bestimmte Anzahl Karten verteilt, z. B. drei Blätter, so liegt nach dem scheinbaren Mischen jede der vorher ausgesonderten Karten an 4., 8., 12., 16., 20., 24. und 28. Stelle. Diese Reihenfolge der Karten wird selbst durch ein reguläres Abheben nicht gestört. Legt nun nach geschehenem Abheben der Bauernfänger die einzeln abzuziehenden Karten auf vier Haufen derart, daß die erste abgezogene Karte auf den ersten, die zweite auf den zweiten usw., die fünfte wieder auf den ersten, die sechste auf den zweiten Haufen usw. zu liegen kommt, so müssen die vorher ausgesonderten sieben Karten nach Abziehen und Verteilen aller Karten in einem Haufen liegen. Wenn richtig gemischt würde, könnte das Kunststück nicht gelingen. Dadurch, daß dem Uneingeweihten vorgespiegelt wird, es würde regulär gemischt, wird er getäuscht und in den Irrtum versetzt, daß lediglich der Zufall das Zusammentreffen der ausgesonderten Karten nach dem Mischen in einem Haufen bewirken könnte. Da die Wahrscheinlichkeit eines solchen Zufalles selbstverständlich gering ist, läßt sich der in solchen Kniffen Unerfahrene zu Geldeinsätzen auf das Eintreffen eines solchen Zufalles verleiten, während tatsächlich die Geschicklichkeit des Bauernfängers den Ausgang entscheidet.

6. Abart des Spieles „Häufeln".

Diese bei Bauernfängern feinerer Art sehr beliebte Abart des Spieles „Häufeln" wird in folgender Weise ausgeführt:

Von einem Kartenpakete werden nicht soviel einzelne Haufen, sondern nur soviel einzelne Blätter, als Spieler vorhanden sind, mit der Rückseite nach oben abgezogen und auf den Tisch gelegt. Von diesen Karten wird von den Bauernfängern eine für den Bankier ausgestoßen. Auf die anderen können die Mitspieler nach Wahl beliebige Einsätze machen. Ist dies geschehen, so werden die Karten aufgedeckt. Der Bankier hat gegen die Spieler gewonnen, welche an Wert gleich hohe und niedrigere Karten aufdecken und gegen die Spieler verloren, welche höhere Karten als er selbst aufdecken. Im ersteren Falle zieht er die Einsätze ein; im anderen Falle zahlt er den gleichen Betrag an die Spieler aus.

Die Abart des Spieles „Häufeln" hat den Vorteil für Bauernfänger, daß sie von den ihnen an Merkmalen der Rückseite kenntlichen Karten die höchste oder niedrigste Karte für den Bankhalter ausstoßen und denselben demgemäß nach Belieben gewinnen oder verlieren lassen können.

7. Rouge et noir (Rot und Schwarz).

Ein dem bekannten Glücksspiele „Meine — Deine Tante" ähnliches von Gaunern feinerer Art zur Ausplünderung harmloser Vergnügungsreisender benutztes Spiel. Benutzt wird meist ein Spiel Karten zu 32 Blättern. Nach Mischen und Abheben werden vom Bankhalter einzelne Blätter vom Kartenpakete abgezogen. Gesetzt werden kann auf Rot oder Schwarz. Die vom Bankhalter abgezogene Karte entscheidet über Gewinn oder Verlust. Zieht der Bankhalter eine Karte roter Farbe (Coeur oder Karo), so hat Rot, zieht er eine solche schwarzer Farbe (Pique oder Trèfle), so hat Schwarz gewonnen. Da sowohl der eigentliche Falschspieler als auch seine im Einverständnis mit ihm gegen das auserkorene Opfer spielenden Genossen die Farbe der

Blätter an Merkmalen von der Rückseite aus erkennen, haben sie es in der Hand, nach dem sonst von mir geschilderten Muster den Freier gewinnen oder verlieren zu lassen. Schneller geht es natürlich, wenn dem Freier im Verlaufe des Spieles die Bank zugeschoben wird.

8. Das Kartenroulette.

Dazu wird ein Spiel Karten zu 36 Blättern (Aß bis Sechs in allen vier Farben) und ein Tableau benutzt, welches wie beim Roulette den Spielern, denen ein Bankhalter gegenübersteht, zum Zahlen der Einsätze dient. Auf dem Tableau sind die Farben Rot und Schwarz, sowie die Karten Sieben, Acht, Neun, Zehn, Bube, Dame, König, Aß und Sechs angemerkt. Die Karten Sieben bis einschließlich Zehn gelten als niedrig, die Karten Bube bis einschließlich Aß als hoch. Einsätze können gemacht werden auf einzelne Karten auf die Farben Rot oder Schwarz, auf die hohen oder niedrigen Karten. Einsätze werden, falls solche auf Sieben bis einschließlich Aß gemacht sind, im Gewinnfalle in Höhe des fünf- bis sechsfachen Betrages des Einsatzes, wenn die Sechs — das Zéro der Bank — besetzt wird, etwa zehnfach ausgezahlt. Werden die einfachen Chancen Rot oder Schwarz, Hoch oder Niedrig gesetzt, so wird im Gewinnfalle einfach ausgezahlt. Schlägt der Bankhalter, welcher nach Mischen und Abheben, wie beim Rouge et noir die Karten einzeln von oben vom Pakete abzieht, eine Sechs auf, so sind alle Einsätze bis auf die Einsätze, auf die Sechs, für die Bank gewonnen. Das Spiel sieht also sehr ehrlich und gewinnbringend für die Bank aus. Das leuchtet natürlich auch dem Opfer ein. Es ist also leicht zu bewegen, die Bank zu übernehmen. Dann ändert sich aber schnell das Bild. Der an Merkmalen der Rückseite die oben auf dem Pakete liegende Karte erkennende Falschspieler und seine Genossen richten ihre Einsätze entsprechend ein, und in kurzer Zeit ist das Opfer um eine trübe Erfahrung reicher. Zum Zwecke des Falschspieles brauchen die Gauner nur die Karten nach Farben, nach hoch und niedrig, und insbesondere die Sechsen von der Rückseite aus zu erkennen, um für sich jeden Zufall beim Gewinne auszuschalten.

III. Der „Spielprofessor“ und das angeblich sichere System, beim Spiele gegen eine öffentliche Roulette-Bank zu gewinnen.

Über die Wertlosigkeit aller Systeme im Spiele gegen eine öffentliche Roulettebank hat sich der in Sportkreisen bekannte Viktor Silberer auf Grund seiner mehr als zwanzigjährigen Beobachtungen des Spieles in Monte-Carlo in seinem trefflichen und jedem Interessenten dringend zu empfehlende Buche „Vom grünen Tische in Monte-Carlo“ (Wien 1909, Verlag der Allgemeinen Sport-Zeitung) eingehend geäußert. Wer sich im einzelnen über das Spiel und seine Technik, die Chancen, das Refait (Zéro), Maximum und Minimum des Einsatzes, die Spielweisen (Marches) in Verbindung mit Erhöhungen der Einsätze (Progressionen), die Wahrscheinlichkeiten einer Serie, die Launen des Zufalles und schließlich die Nutzanwendung bei einem Manne der Praxis, der die Theorie völlig beherrscht, mehr als oberflächlich informieren will, ist auf die klaren und auch jedem Laien verständlichen Ausführungen des sehr lesenswerten Buches verwiesen. Die Praxis der Bank in Monte-Carlo, welche durch kein irgendwie geartetes Spielsystem in seiner Rentabilität erschüttert worden ist, spricht überzeugender als jedes Buch gegen die Möglichkeit eines solchen Systems. Man kann Mitleid mit den Phantasien spielwütiger Menschen haben, die nicht zu belehren sind. Das darf aber nicht abhalten in einer Zeit, die nach großen Erschütterungen so aus dem Gleichgewicht gebracht ist, daß sie der ruhigen Vernunft wenig Gehör gibt, eindringlichst zu warnen vor Leuten, die die Unerfahrenheit und Urteilslosigkeit profitsüchtiger Menschen ausbeuten durch Empfehlung angeblich unfehlbarer Systeme zum Gewinne gegen öffentliche Spielbanken. Durch das in ihr angelegte Kapital, die Dauer ihrer Tätigkeit und die Ruhe der arbeitenden Maschine ist die öffentliche Spielbank ohne weiteres der mit geringeren Mitteln nur beschränkte Zeit spielenden und allen Einflüssen des Spieles und der Umgebung ausgesetzten Einzelpersönlichkeit überlegen. Wie viele im stillen Stübchen ausgesonnene Theorien sind schon im Kampfe mit der Wirklichkeit im Spielsaale zu Grabe getragen worden! — Unterschätzt wird von den meisten das Vorkommen der Null, die einen so gewaltigen

Vorteil der Bank darstellt, daß durch ihn das Gleichgewicht zwischen der Gewinnmöglichkeit des Spielers gegenüber der der Bank völlig aufgehoben wird. Erscheint die Null, so verfallen die Hälfte aller Einsätze auf die einfachen und die Summe aller Einsätze auf die mehrfachen Chancen (ausgenommen die Einsätze auf Null und Kombinationen mit derselben) der Bank. Den hieraus sich ergebenden Vorteil der Bank berechnet Viktor Silberer auf 2,7 Prozent aller Einsätze auf die mehrfachen und 1,35 Prozent aller Einsätze auf die einfachen Chancen. Trotz des Vorkommens der Null könnte aber eine Roulettebank einem glücklichen und rücksichtslosen Spieler gegenüber, dem unbegrenzte Mittel zur Verfügung stehen, vorübergehende, aber immerhin fühlbare Verluste erleiden. Einen sicheren Schutz hiergegen bietet der Bank die Beschränkung der Höhe der Einsätze durch Festsetzung einer Höchstsumme, über welche hinaus Gewinne auf keinen einzelnen Satz gezahlt werden. Hierdurch wird von vornherein einem wagehalsigen Spieler die Möglichkeit abgeschnitten, größere Verluste durch Erhöhung der Einsätze (Progressionen) wieder einzuholen. Das Endergebnis aller Überlegungen führt zu dem auf den ersten Blick verblüffendem Resultat, daß es im Durchschnitte für den schließlichen Erfolg ganz gleichgültig ist, ob man beim Spiele planlos oder systematisch Farben oder Chancen wechselt, diesem oder jenem angeblich sicheren System den Vorzug gibt — am Ende entscheidet doch nur ausschließlich und allein der Zufall, ob man in einem gegebenen Falle gewinnt oder nicht.

Der Zufall fügt sich eben keinem Systeme, und es ist völlig unmöglich, durch irgendeine Berechnung das Eintreffen einer Serie, die Dauer derselben, das Eintreten eines Farben- und Chancenwechsels, die Art und Dauer desselben für das Spiel in einem bestimmten Falle und Augenblicke nutzbar zu machen. In einem gewissen Spielabschnitte gemachte Beobachtungen werden durch solche in einem anderen Abschnitte widerlegt. Das ist auch selbstverständlich, weil alle mögliche Berechnung auf dem in der Theorie allerdings feststehendem Gesetze der Zahlen, aber nur unter der Voraussetzung unendlicher Spieldauer zutreffen, während der Spieler in der Wirklichkeit immer nur einen mehr oder weniger zeitlich beschränkten Abschnitt aus den Spielereignissen erfassen und nutzen kann. Innerhalb dieses verhältnismäßig kurzen Zeitabschnittes sind aber die seltsamsten, jeder Wahrscheinlichkeit spottenden Abweichungen von einer Spielnorm möglich. Der Erfolg oder Nichterfolg eines jeden, auch des bestmöglichen Spielsystems hängt im gegebenen Falle immer von der Frage ab, ob der Spieler während der Spielzeit gerade eine ihm günstige Strömung des Spielverlaufes zufällig antrifft, d. h. ihm der Zufall günstig ist oder nicht. Daß leidenschaftliche und unverbesserliche Spieler diese einfache Tatsache nicht begreifen oder nicht begreifen wollen, ändert an der Wirksamkeit derselben nichts. Wenn ich mich auch nicht der Hoffnung hingebe, solche Leute zu überzeugen, so hoffe ich doch, Menschen, die einer nüchternen Überlegung fähig sind, davon abzuhalten, ihr Geld für Vorspiegelungen zu opfern, die der Wirklichkeit nicht standhalten. Im Jahre 1910 stand der Prokurist einer angesehenen Berliner Firma unter der Anklage der Unterschlagung von beinahe einer halben Million Mark vor einer Strafkammer des Landgerichts I Berlin. Er war ein Opfer seiner Spielsucht geworden. Sein hohes Gehalt ließ ihn Eintritt in Spielsäle finden; er unternahm Reisen nach Trouville, Nizza und anderen Sammelplätzen der vornehmen Lebewelt, um seiner Spielleidenschaft zu frönen. Schließlich verbrachte er, sogar die Ruhepausen zwischen der Arbeit, die Nächte in Spielsälen. Als sein von ihm auf die damals ansehnliche Höhe von 20000 Mark jährlich geschätztes Einkommen zur Befriedigung seiner Spielsucht nicht ausreichte, opferte er schließlich Ehre und Karriere seiner Leidenschaft. Vor Gericht wollte er seine Richter glauben machen, daß er mit einer von ihm erfundenen Spielmethode im Bakkarat in 38 Tagen mit Leichtigkeit 5700000 Mark gewonnen und das unterschlagene Geld zurückgezahlt hätte, wenn man ihn nicht in Untersuchungshaft genommen hätte. In der Untersuchungshaft stellte er sich aus Pappkarten ein Spiel von 52 Karten zusammen und spielte theoretisch mit Notierung von Gewinn und Verlust, um sein angebliches System zu beweisen. Das System konnte natürlich einer Prüfung nicht standhalten. Die Verhandlung entrollte das typische Bild eines von einer Spielleidenschaft befallenen Menschen, der von seiner Spielsucht getrieben die Hemmungsvorstellungen eines normalen Menschen nach und nach eingebüßt hatte. Solche Opfer der Leidenschaft sind natürlich nicht auf eine Stufe zu stellen mit gewissenlosen Ausbeutern, welche sich die Spielsucht und den Spielaberglauben anderer zunutze machen. Einige Jahre vorher wurde einem „Spielprofessor“ der Prozeß gemacht, welcher es verstanden hatte, immer wieder wohlhabende Leute für sein angeblich sicheres Spielsystem zu interessieren. Sie reisten mit ihm nach Monte-Carlo, hielten ihn frei und versorgten ihn reichlich mit Spielkapital, um gegen die Roulettebank zu spielen. Die Opfer haben natürlich ihr Geld verloren, mancher hat sich dort ruiniert, aber für den „Spielprofessor hatte sich sein System glänzend bewährt. Er hat auf Kosten seiner Opfer einige Wochen fürstlich gelebt, gespielt und sich vom Betriebskapital noch einiges in die eigene Tasche gesteckt. Er brauchte auch nichts zu riskieren, da er ja nicht auf eigene Rechnung spielte.

FSC
www.fsc.org
MIX
Papier | Fördert gute Waldnutzung
FSC® C083411

Kolibri 360 GmbH
Ferdinand-Jühlke-Straße 7
99095 Erfurt, Deutschland
produktsicherheit@kolibri360.de